软枣猕猴桃
栽培与加工技术

艾军 等编著

中国农业出版社

图书在版编目（CIP）数据

软枣猕猴桃栽培与加工技术/艾军等编著 . —北京：
中国农业出版社，2014.12（2023.8 重印）
ISBN 978-7-109-19718-3

Ⅰ.①软… Ⅱ.①艾… Ⅲ.①猕猴桃—果树园艺
Ⅳ.①S663.4

中国版本图书馆 CIP 数据核字（2014）第 250712 号

中国农业出版社出版
（北京市朝阳区麦子店街 18 号楼）
（邮政编码 100125）
责任编辑　黄　宇

中农印务有限公司印刷　　新华书店北京发行所发行
2014 年 12 月第 1 版　　2023 年 8 月北京第 4 次印刷

开本：850mm×1168mm　1/32　印张：3.75　插页：2
字数：92 千字
定价：21.00 元
（凡本版图书出现印刷、装订错误，请向出版社发行部调换）

编著者名单

主　编　艾　军

编著者　艾　军　杨义明

　　　　　秦红艳　张宝香

　　　　　刘迎雪　范书田

　　　　　王振兴　许培磊

　　　　　赵　滢　李晓艳

　　　　　张亚凤

前　言

　　软枣猕猴桃在我国自然分布较为广泛，除东北三省外，山东、山西、河北、河南、安徽、浙江等多个省份也有分布，是一种营养丰富且经济价值较高的特色浆果。近年来，随着人们对软枣猕猴桃的认识不断深入，我国软枣猕猴桃的大面积人工栽培发展迅速。基于广大生产者对软枣猕猴桃栽培及加工技术的迫切需求，结合笔者的研究和生产实践，我们总结了近年来相关领域的技术成果编成此书，希望对软枣猕猴桃的栽培及加工产业有所助益。

　　由于软枣猕猴桃人工栽培及加工利用的历史较短，其栽培及加工技术的研究与实践本身就是一个不断探索、不断完善的发展过程，软枣猕猴桃产业中还有许多课题需要研究和解决。

　　应中国农业出版社之约编写此书，因时间仓促，书中不当之处难免，敬请同行专家和广大读者批评指正。

编　者

2014 年 6 月

目　录

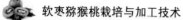

第一章 概 述

软枣猕猴桃 ［*Actinidia arguta*（Sieb. et Zucc.）Planch. Ex Miq.］，又名软枣子、猴梨、藤瓜、藤梨，为猕猴桃科（Actinidiaceae）猕猴桃属（*Actinidia*）大型落叶藤本植物，果实表面光滑，整果可食，是猕猴桃属中较耐寒的一个种。因其营养物质丰富，风味独特，经济价值高而备受关注。

一、资源分布与分类

猕猴桃属共 66 个种，分布于马来西亚至西伯利亚东部地区。我国分布有 62 种，集中产地是秦岭以南和横断山脉以东的广大地区。软枣猕猴桃是较耐寒的一个种，主要产于中国东北地区，朝鲜、日本和俄罗斯远东地区也有分布，近年来新西兰、美国、智利等国家已大量引种栽培。

《中国植物志》记载软枣猕猴桃分为 5 个变种：软枣猕猴桃（原变种）（*A. arguta* var. *arguta*）产于黑龙江、吉林、辽宁、山东、山西、河北、河南、安徽、浙江等省，俄罗斯远东地区、朝鲜和日本亦有分布，生长于海拔 100～3 600 米的山林中；凸脉猕猴桃（新变种）（*A. arguta* var. *nervosa* C. F. Liang）产于四川、云南、河南、浙江等省，其特点为叶坚纸质，叶脉发达显著；紫果猕猴桃 ［*A. arguta* var. *purpurea*（Rehd）C. F. Liang］，产于云南、贵州、四川、山西、湖北、湖南等省，主产于四川、云南等省；陕西猕猴桃 ［*A. arguta* var. *giraldii*（Diels）Voroshilov］，产于陕西、河南、湖北等省，生于海拔 1 000 米左右的山林中，与紫果猕猴桃相近，但叶背面卷曲柔毛；

心叶猕猴桃 [*A. arguta var. cordifolia*（Miq.）Bean]，产于辽宁、吉林、浙江等省，生于海拔 700 米以上的山地丛林，朝鲜、日本也有分布。

二、化学成分及药理活性

软枣猕猴桃被誉为"健康之果"，不仅营养丰富，而且具有较高的医药功效。其果实中具有药理活性的成分主要包括挥发油类、三萜类、黄酮类以及多糖类等。

软枣猕猴桃干物质含量为 16.6%～21.5%，可溶性固形物为 8.7%～13.6%，可滴定酸含量为 0.8%～1.7%，同时，含有大量维生素 C、叶酸、维生素 E 和维生素 K 等，此外，还含有黄体素、酚类物质以及磷（P）、钙（Ca）、铁（Fe）、锌（Zn）等矿物质。软枣猕猴桃果实中挥发油成分主要为单萜类，主要以酯类物质为主，如丁酸丁酯、己酸 2-甲基丁醇和己醛类等。软枣猕猴桃果中黄酮含量为 3.42%；其每 100 克果皮和果肉中酚类物质平均含量分别为 2.66%，0.18%。

软枣猕猴桃营养丰富，果味鲜美，并且具有保健功效，如抗肿瘤、抗辐射、抗衰老和提高免疫力等。据报道，软枣猕猴桃具有很强的抗氧化能力，而这种抗氧化能力主要与果实内的酚类物质及维生素 C 含量有关。研究发现从软枣猕猴桃中分离得到的一种叶绿素衍生物对人白血病 Jurkat T 和 U937 细胞具有诱发凋亡的作用；研究还发现，软枣猕猴桃提取物能拮抗 X 射线引起的小鼠白细胞数、骨髓有核细胞数及免疫器官质量的降低。

三、品种选育

软枣猕猴桃的品种选育以常规育种为主，现已培育出许多性

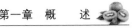

状优良的品种。据报道，日本现今已育出峰香、雪娘等 9 个品种，此外，新西兰、美国、波兰、俄罗斯、韩国等国家也培育出大量品种。我国在品种选育方面也取得了较大成就，中国农业科学院特产研究所选育出魁绿、丰绿和佳绿 3 个品种，中国农业科学院郑州果树研究所选育出全红型品种天源红、红宝石星，辽宁省桓仁满族自治县林业局选育桓优 1 号，四川省自然资源科学研究院选育出宝贝星等。

此外，我国还选育出一些优良品系，如中国农业科学院特产研究所选育出 9701、8134、红心软枣猕猴桃等优良品系，辽宁省清原县供销社筛选出辽清 8405、辽清 8406 等，抚顺市农业科学研究所选育出 81-18 和 81-35 等多个优良品系。

四、栽培技术

主要开展了软枣猕猴桃适宜栽培条件、栽培模式及繁殖技术等的研究工作。研究表明，软枣猕猴桃喜温暖、湿润条件，宜选土壤疏松、排水良好、腐殖质含量高、土壤为微酸性或中性的缓坡地建园，忌选黏重土壤。软枣猕猴桃为雌雄异株植物，栽培中需要配置授粉树。主要采用 T 形架［株行距（3～4）米×（2～3）米］或棚架［株行距（5～6）米×（2～5）米］栽培，修剪要冬季修剪和夏季修剪相结合，冬季修剪在休眠期进行，夏季修剪主要在萌芽期和新梢旺盛生长期进行，通过修剪使整个植株生长空间保持合适的疏密度，改善树冠内的通风透光条件，保证合理的负载量。软枣猕猴桃主要以组织培养、绿枝扦插、硬枝扦插及嫁接等方法进行繁殖。

五、加工技术

在软枣猕猴桃加工领域，人们开展了大量的研究，目前生产的软枣猕猴桃产品主要有软枣猕猴桃罐头、软枣猕猴桃果酒、软枣猕猴桃果醋饮料、软枣猕猴桃果汁饮料、软枣猕猴桃果肉果冻、软枣猕猴桃果酱、软枣猕猴桃果脯、软枣猕猴桃冻干果粉等。

第二章 植物学特征与生长结果习性

软枣猕猴桃为落叶藤本植物，雌雄异株，生长势强。自然条件下缠绕于邻近乔木上生长，形成自然架面，架高 5 米左右，最高可达 10 米以上。

一、植物学特征

（一）根系

1. 根系的种类见图 2-1。

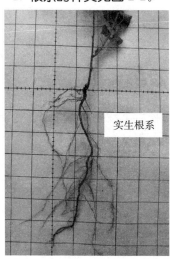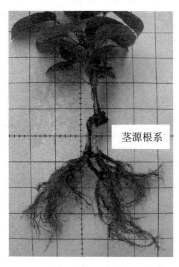

实生根系

茎源根系

图 2-1 软枣猕猴桃实生根系及茎源根系

（1）**实生根系** 实生根系由种子的胚根发育而成。种子萌发时，胚根迅速生长并深入土层中而成为主轴根，之后在根颈附近形成一级侧根。软枣猕猴桃实生苗的根系与其他植物一样由主根和侧根组成，且主根非常发达，在实生育苗时要进行断根促进侧根生长，提高根系的吸收能力。

（2）**茎源根系** 茎源根系是指软枣猕猴桃通过扦插、压条繁殖所获得的苗木的根系。因为这类根系是由茎上产生的不定根形成的，所以也称不定根系或营养苗根系。茎源根系由根干和各级侧根、幼根组成，没有主根。

2. 根系形态 根系具有固定植株、吸收水分与矿物营养、贮藏营养物质和合成多种氨基酸、激素的功能。软枣猕猴桃的根系为黄褐色，肉质，其皮层的薄壁细胞及韧皮部较发达。成龄软枣猕猴桃植株无明显主根，每株可形成多条骨干根，粗度3毫米以上的根不着生须根（次生根或生长根），可着生2毫米以下的疏导根，粗度2毫米以下的疏导根上着生须根。

3. 根系分布 软枣猕猴桃的根系在土壤中的分布状况因气候、土壤、地下水位、栽培管理方法和树龄等的不同而发生变化。据调查，根系垂直分布于地表以下5～70厘米深的土层内，集中在20～50厘米深的范围内；水平分布在距根颈250厘米的范围内，集中在距根颈100厘米的范围内。在人工栽培条件下，根系垂直分布和水平分布与园地耕作层土壤的深浅和质地及施肥措施等有密切关系。软枣猕猴桃的根系具有较强的趋肥性，在施肥集中的部位常集中分布着大量根系，形成团块结构。级次较低的根系可分布到较深、较远的位置，增加施肥深度和广度可有效诱导根系向周围扩展，促进营养吸收，增强植株抗旱力。

（二）枝蔓

软枣猕猴桃为落叶大藤本植物，木质部疏松，髓白色或褐色，呈片层状。软枣猕猴桃地上部分的茎从形态上可分为主干、主蔓、侧蔓、结果母枝和新梢，新梢又可分为结果枝和营养枝。老蔓光滑无毛，浅灰色或灰褐色。一年生枝灰色、淡灰色或红褐色，无毛，光滑，皮孔纺锤形或长梭形，密而小，色浅。平均节间长5～10厘米，最长15厘米。新梢颜色为绿色、红绿色及红色，新梢前端常具有白色至粉红色茸毛，可作为区分不同品种的重要标志。

从地面发出的树干称为主干，主蔓是主干的分枝，侧蔓是主蔓的分枝。结果母枝着生于主蔓或侧蔓上，为上一年成熟的一年生枝（图2-2）。从结果母枝上的芽眼所抽生的新梢，带有花序的称为花枝，结果后成为结果枝，不带花序的称为营养枝。

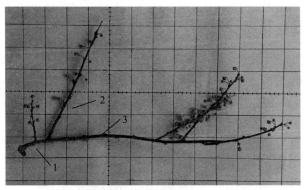

图2-2　软枣猕猴桃结果母枝示意图
1. 母枝　2. 结果枝　3. 上一年结果痕迹

软枣猕猴桃的新梢较短时常直立生长不缠绕，但当长至100～150厘米时，要依附其他树木或支架按逆时针方向缠绕向上生长。新梢生长到秋季落叶后至翌年萌芽之前称为一年生枝，根据一年生枝的长度可将其分为长枝（50厘米以上）、中枝（31～50厘米）和短枝（30厘米以下），此外，还有徒长枝（4～5米）。

（三）叶片

软枣猕猴桃叶片纸质，椭圆形、长圆形、长卵圆形或倒卵形，长5.0～14.0厘米，宽4～10厘米，平均面积70厘米^2，最大面积 250 厘米^2。基部近圆形、阔楔形，间或亚心形，边缘波浪状，先端尖或短尾尖，多扭曲。叶缘锯齿密，近叶基部几全缘。叶深绿色，有光泽，无毛。叶背浅绿色或灰白色，光滑或有茸毛。叶脉网状，侧脉每边 5～6 网结。叶柄长 3～7 厘米，淡红色或绿色。

（四）芽

软枣猕猴桃的芽较小，包被在叶腋的韧皮部（芽座）内，花芽为混合芽。

（五）花序及花蕾

软枣猕猴桃的花序为聚伞花序。雄株花序着生 3～7 个花蕾，但顶生花序可着生 20 个以上花蕾。雌株花序多数着生 1～3 个花蕾，少数着生 10 个花蕾以上。花蕾绿色或红绿色，圆形（图 2-3）。

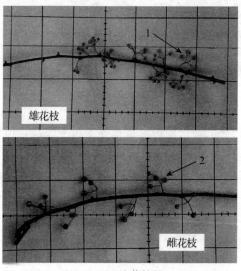

图 2-3　雄株及雌株的花枝和花序着生状
1. 雄花序　2. 雌花序

雌花腋生，聚伞花序，花冠径 12～20 毫米，花白色微绿，花瓣 5～7 枚，卵形或长卵形。具有发达的瓶状子房，子房上位，纵径约 2 毫米，浅绿色，无毛。花柱白色，扁平，18～22 个，长约 2 毫米，呈辐射状排列。雄蕊多数，约 42 枚，花丝短于子房，花药黑褐色。花粉粒小而瘪，形状不规则，大小不等。萼片 5～6 裂，偶有 4 裂者，卵形，长 5～7 厘米，浅绿色。先端圆钝，边缘无毛。花梗绿色或浅黄绿色、无毛。

雄花腋生，子房退化，雄蕊约 44 枚，花丝白色，长 3～5 毫米。花药黑紫色，长梭形，长 2～3.5 毫米。花粉粒饱满，梭形，大小均一，有生命力。

图 2-4　软枣猕猴桃雄雌花示意图

1. 花瓣　2. 萼片　3. 雄蕊　4. 雌蕊　5. 雌花子房

6. 雄花退化子房　7. 花柄

（六）果实

软枣猕猴桃的果实形状不一，有卵球形、矩圆形、扁圆形、长圆形、椭圆形等多种形状。果皮绿色或绿色带红晕，光滑无毛，先端具有短尾状的喙。果实平均重 6～8 克，最大果重 20 克以上，在选育的优良种质资源中最大果重可达 50 克。梗洼窄而浅，果梗 1～2 厘米。成熟果实软而多汁，果肉细腻，黄绿色或浅红色，味甜微酸，具有香气。果心为中轴胎座多心皮，心室

25 个左右（图 2-5）。种子较小，千粒重 1.5～1.8 克。

图 2-5　软枣猕猴桃果实解剖示意图

1. 果皮　2. 果肉　3. 果心　4. 喙　5. 种子

二、生长结果习性

（一）物候期

软枣猕猴桃和其他多年生植物一样，每年都有与外界环境条件相适应的形态和生理变化，并呈现一定的生长发育规律性，这就是年发育周期。这种与季节性气候变化相应的器官动态时期称为生物气候学时期，简称物候期。多年生植物的物候期具有顺序性和重演性。

软枣猕猴桃的年周期可划分为两个重要时期，即生长期和休眠期。生长期是指从树液流动开始，到秋季自然落叶时为止。休眠期是从落叶开始至翌年树液流动前为止。

1. 树液流动期　又称伤流期。春季当土温达到一定程度，软枣猕猴桃的根系开始吸收土壤中的水分和养分，树液由根系送到地上部分，植株特征是从剪口和伤口处分泌无色透明液，所以也称伤流期。萌芽展叶后，植株蒸腾及利用水分能力增强后，伤流即停止。

伤流出现的早晚与当地的气候有关，当地表以下 10 厘米深的土层的温度达到 5℃ 以上时，便开始出现伤流。在吉林地区，软枣猕猴桃的伤流期出现于 4 月上旬，一般可持续 10～20 天。

2. 萌芽期 芽开始膨大至芽先端幼叶从芽座中露出为止。在吉林地区，软枣猕猴桃的萌芽开始期在 5 月上旬。

3. 展叶期 幼叶露出后，开始展开，当 5％ 芽开始展叶，为展叶始期，软枣猕猴桃的展叶始期为 5 月中旬。

4. 新梢生长期 从新梢开始生长到新梢停止生长为止。软枣猕猴桃的新梢生长是从 5 月上、中旬开始，至 8 月中旬多数新梢停止延长生长，进入新梢成熟期。

5. 开花期 从花蕾开放到开花终了为开花期，不同品种在相同的栽培条件下花期有所不同，在吉林地区软枣猕猴桃的花期为 6 月上中旬。

6. 果实生长、成熟期 由开花末期至果实成熟之前为果实生长期，从果实成熟始期到完全成熟时为果实成熟期。在吉林地区，果实生长期为 6 月下旬至 8 月下旬，果实完全成熟为 9 月上旬。

7. 新梢成熟和落叶期 从果实成熟前后到落叶时为止为新梢成熟和落叶期。8 月中旬新梢停止延长生长，开始进入成熟阶段，9 月底至 10 月初，叶片逐渐老化，叶柄基部逐渐形成离层，叶片自然脱落，由此进入休眠期，直到翌年春季伤流开始，又进入了新的生长发育周期。

软枣猕猴桃各年物候期相似，在吉林地区 5 月上旬萌芽，6 月中旬开花，9 月上中旬果实成熟，10 月上旬落叶，生长期 130～140 天（表 2-1）。

表 2-1　吉林地区软枣猕猴桃物候期调查

物候期	调查标准	时　期
树液流动期	出现伤流	4 月中旬
萌芽期	25％芽萌动	5 月上旬
展叶期	25％芽第一片叶展开	5 月中旬

（续）

物候期	调查标准	时期
始花期	5%～25%花开放	6月上中旬
盛花期	25%～75%花开放	6月中下旬
终花期	75%花瓣脱落	6月下旬
新梢生长初期	25%芽抽出2厘米新梢	5月中旬
新梢生长盛期	50%新梢旺盛生长	5月中旬至6月中旬
新梢成熟期	25%新梢基部2厘米变褐	7月中旬
子房肥大期	50%子房肥大	6月下旬
种子出现期	25%果实出现种子	7月中旬
果实成熟期	25%果实成熟	8月末至9月上旬
落叶期	50%叶片脱落	10月上、中旬

（二）枝梢生长习性

软枣猕猴桃萌芽率50%～60%，抽枝率50%左右。生长势中庸树长梢、中梢和短梢分别占新梢总数的15%、5%和80%左右。长梢生长至1米左右时，先端开始卷曲（逆时针）缠绕他物。停止生长时，先端自行枯萎脱落。长梢、中梢和短梢生长量分别为150厘米、40厘米和15厘米左右。中下部叶片和上部叶片年生长量分别为70.0厘米^{2}和30.0厘米^{2}左右。

（三）开花结果习性

1. 着花特性 软枣猕猴桃结果习性类似葡萄。除上一年的结果节位不再具有发芽能力外，结果部位的前端和后部的腋芽均可抽生结果枝，以生长发育中庸的中、长结果母枝抽生的结果枝较多。生长中庸树结果枝占新梢总数的2/3左右，长果枝从第3～7节开始着果，可连续着果5～9节；短果枝除基部2～3节以外，其他各节均可着果（图2-2）。一般每节着生1～3个果，个别可着生 10 个果左右。

2. 花芽分化

（1）花芽分化时期

①未分化期。软枣猕猴桃的花芽为混合芽。春季先由越冬芽抽生新梢，花器官着生在新梢的叶腋间。在 3 月中旬越冬芽未萌动前可观察到雏梢下部叶腋间有微小的突起物，即为未分化的花序原基。

②花序原基分化期。随着越冬芽的萌动，4 月下旬，芽切片突起的花序原基顶部开始膨大、隆起，呈半球状，即为开始分化的顶花原基，其周围下部出现的突起为侧花原基。

③花萼原基分化期。5 月初展叶时，随着芽轴的伸长，花序原基继续发育，顶端变得较宽，上部两侧出现的突起即为花萼原基。

④花瓣原基分化期。花萼原基伸长时，其内侧出现花瓣原基。花萼原基与花瓣原基出现的时间间隔 5 天左右。

⑤雄蕊原基分化期。5 月中旬初，花瓣原始体内侧出现雄蕊原基。雄蕊原基由外向内分化，切片镜检可明显看出花瓣原基内侧有短小的两轮突起。

⑥雌蕊原基分化期。5 月中旬，雄蕊原基内侧分化出许多小突起，即为雌蕊原基。之后，雌蕊原基迅速发育，中间开始凹陷，形成中空的花柱，上端形成放射状柱头，花柱下部为膨大的子房，子房由数十枚心皮合生，呈辐射状排列。

（2）花芽分化特点　软枣猕猴桃在越冬前不进行花芽形态分化，在越冬芽中孕育着花的原始体，翌年春季随着越冬芽的萌发开始进入形态分化期。软枣猕猴桃花芽分化时间短，速度快，自 4 月下旬花芽开始分化起，至 5 月中下旬雌蕊形成，仅历时 25 天左右，分化进程极快。根据软枣猕猴桃花芽形态分化时间短、速度快的特点，其春季需要大量的养分供应，而此时树体养分主要靠前一年秋季的积累，因此，应重视软枣猕猴桃夏秋季的肥水管理，保护叶片，秋季早施基肥和增施速效肥尤为重要。

3. 授粉特性　软枣猕猴桃是雌雄异株植物，雌性品种必须有雄性植株的花粉授粉，才能正常结果。因此，建园时必须重视授粉树的选择和雌雄的合理配置（图 2-6），以保证正常授粉结果。用作授粉树的雄株，花期要与主栽雌株品种一致或略早、花量多、花粉多、花期长，并与主栽品种授粉亲和力高，这样，在有昆虫传粉的情况下正常受精、结果。授粉树的配置，一般 8 棵雌株配 1 棵雄株，定植时使雄株均匀地分布在 8 棵雌株之中。目前，国内雌雄株配套研究尚不够深入，在同一个主栽品种的园中，可分别栽上 2～3 个花期大致相同的雄株品种（株系），以便在生产中检验、选择更好的雄株品种。软枣猕猴桃为虫媒花，主要靠蜜蜂等昆虫传粉。

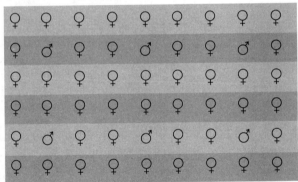

图 2-6　软枣猕猴桃雌雄株配置示意图
注："♂"为雄株，"♀"为雌株。

（四）生长环境条件

1. 自然生境中软枣猕猴桃多数生长在背阴的山坡上，少数生长在水沟旁或林缘空地。伴生树种以山榆、核桃揪和糠椴较多，山梨和山里红次之。土壤主要是森林黑钙土或落叶腐殖质土，土层厚 50～60 厘米，上面覆有较厚的枯枝落叶。土壤含水量 19% 左右（落叶期调查，下同），有机质含量 8.4%，每 10 克土壤中含有效氮 30.8 毫克、有效磷和有效钾各 4.0 毫克，pH5.5～6.5（微酸性）。在日平均气温达到 5℃以上时树液开始流动，10℃以上萌芽，15～25℃为生长结果适宜气温。适宜空气相对湿度为 60%～80%。

2. 软枣猕猴桃对光的需求较为严格，光照不足，枝叶因荫蔽而枯亡，但极强的光照也不利于生长发育。其光合速率的日变化呈双峰曲线（图 2-7）。6～10 时随着气温和光照的增强，叶片光合速率不断提高，10 时左右达到最大值；11～13 时逐渐下降，13～15 时开始回升，到 15～16 时出现次高峰，以后随气温和光照的减弱基本呈下降趋势，表明其光合作用存在"午休"现象。

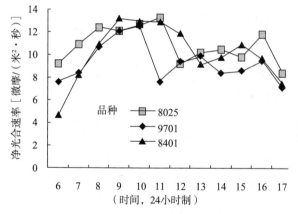

图 2-7 软枣猕猴桃光合作用日变化曲线

3. 软枣猕猴桃抗病虫害的能力强，抗寒性较强，在寒冷的冬季（-40℃）可以自然越冬。在无霜期 120 天以上，10℃以上有效积温达 2 500℃以上的地方均可栽培。软枣猕猴桃在生长季对早、晚霜的危害较为敏感。因此，在注意区域总体气象指标的前提下，必须选择好栽培地点的小气候，避免早霜及晚霜危害。

第三章　主要品种及苗木生产技术

国外对软枣猕猴桃资源的开发利用较早，且对其进行了大量的研究工作。目前栽培软枣猕猴桃规模较大的国家主要是新西兰、美国、智力、日本和韩国等。据报道，截至 2005 年日本已培育出峰香、雪娘等 7 个软枣猕猴桃品种和香粹、信山 2 个种间杂交品种。韩国从野生软枣猕猴桃中筛选出 Chiak、Congsan 和 Gwangsan 3 个软枣猕猴桃品种，并通过种间杂交选育出 Bidan、Bangwoori 等 5 个杂交品种。

我国的软枣猕猴桃资源非常丰富，在资源收集及品种选育领域也开展了大量工作。中国农业科学院特产研究所选育出适合寒地栽培的魁绿、丰绿和佳绿 3 个软枣猕猴桃新品种。中国农业科学院郑州果树研究所选育出了天源红、红宝石星，辽宁省桓仁满族自治县林业局选育了桓优 1 号，四川省自然资源科学研究院选育出宝贝星等品种。

一、优良品种及品系

（一）品种

目前，我国生产中采用的软枣猕猴桃品种主要为魁绿、丰绿等本国选育的品种，各品种特性简介如下。

1. 魁绿　魁绿是中国农业科学院特产研究所 1980 年在吉林省集安市复兴林场的野生软枣猕猴桃资源中筛选的优良单株，经无性繁殖而成的无性系品种，1993 年通过吉林省农作物品种审定委员会审定。

主蔓和一年生枝灰褐色，皮孔梭形、密生，嫩梢浅褐色。叶片卵圆形，绿色，有光泽，长宽 9 厘米×11 厘米，叶柄浅绿色。雌能花，生于叶腋，花序花朵数 1～3 朵，花径 2.5 厘米×2.9 厘米，花瓣 5～7 枚。

果实长扁卵圆形，果形指数 1.32，平均单果重 18.1 克，最大果重 32.0 克。果皮绿色、光滑无毛，果肉绿色、多汁、细腻，酸甜适度，含可溶性固形物 15.0%，总糖 8.8%，总酸 1.5%，每 100 克果肉中维生素 C 含量高达 430 毫克，总氨基酸 933.8 毫克。果实含种子 180 粒左右。果实适合鲜食和加工。

树势生长旺盛，坐果率高，可达 95% 以上。萌芽率为 57.6%，结果枝率 49.2%。花芽为混合芽。果实多着生于结果枝 5～10 节叶腋间，多为短枝和中枝结果，每枝可坐果 8～20 个。

在吉林市左家地区，伤流期 4 月上中旬，萌芽期 4 月中下旬，开花期 6 月中旬，9 月初果实成熟。在无霜期 120 天以上，＞10℃ 有效积温达 2 500℃ 以上的地区均可栽培。

魁绿抗逆性强，在绝对低温 −38℃ 的地区栽培多年未发生冻害和严重病虫害。适宜栽植在东北向和北向坡地。授粉树采用中国农业科学院特产研究所培育的 61-1 雄株，雌雄比例 8：1。修剪为冬夏结合，冬季修剪每平方米保留一年生中、长蔓 4～5 个，短枝在不过密的情况下尽量保留。夏季摘心，除延长枝蔓外，最长不超过 80 厘米，疏除过密枝蔓，每平方米除短枝蔓外，保留 9～11 个新梢，其中结果新梢为 40% 左右。

2. 丰绿 丰绿是中国农业科学院特产研究所 1980 年在吉林省集安县复兴林场的野生软枣猕猴桃资源中选出的单株，经无性繁殖而成的无性系品种。1993 年通过吉林省农作物品种审定委员会审定。

主蔓和一年生枝灰褐色，皮孔花圆形、稀疏，嫩梢浅绿色。叶片卵圆形，深绿色有光泽，长宽 13.9 厘米×11.2 厘米。雌能花，生于叶腋，多为双花，花径 2.2 厘米，花瓣 5～6 枚。

果实卵球形，果皮绿色、光滑无毛，单果平均重 8.5 克，最大果重 15 克，果形指数 0.95，果肉绿色，多汁细腻，酸甜适度。含可溶性固形物 16.0%，总酸 1.1%，每 100 克果肉中维生素 C254.6 毫克、总氨基酸 1 239.8 毫克，果实含种子 190 粒左右。加工的果酱色泽翠绿，含有丰富的营养成分，保持了果实的浓郁香气和独特风味，每 100 克果酱维生素 C 含量可达 110 毫克，总氨基酸含量为 451.9 毫克。1990 年在长白山软枣猕猴桃果酱鉴定会上，专家一致认为，该品种适于加工，其产品居国内同类产品领先地位，并被评为 1990 年度国家级新产品。

树势生长中庸，萌芽率 53.7%，结果枝率 52.3%。花序花朵数多为 2～3 朵，少量为单花。坐果率高，可达 95% 以上。

在吉林市左家地区，伤流期 4 月上中旬，萌芽期 4 月中下旬，开花期 6 月中旬，9 月上旬果实成熟。在无霜期 120 天以上，≥10℃ 有效积温 2 500℃ 以上的地区均可栽培。

3. 佳绿　佳绿是中国农业科学院特产研究所 1984 年从辽宁省桓仁县搜集的野生资源，经多年无性繁殖系统选育而成。当年生枝条灰褐色，多年生枝条灰色。叶片卵圆形，叶面深绿色，叶背灰绿色；雌花，花白色。2014 年 3 月通过吉林省农作物品种审定委员会审定。

果实长柱形，喙较长，纵径 38.5～48.6 毫米，横径 25.8～32.8 毫米，平均单果重 19.1 克，最大单果重 25.4 克，果实绿色，果柄长 26～45 毫米，田间自然坐果率 95.5%。果实中可溶性固形物 12.50%，总糖含量 11.43%，总酸含量 0.76%，每 100 克果肉中维生素 C 含量为 124.99 毫克。果肉细腻，酸甜适口，品质上等。扦插苗定植后 4 年开始结果，盛果期平均产量为 10 150 千克/公顷。

在吉林左家地区露地栽培，4 月 20 日前后萌芽，6 月中旬开花，9 月 3 日前后果实成熟。开花至果实成熟需 80 天左右，为中晚熟品种。可在吉林省东部（地区）无霜期≥125天，≥10℃有效积温2 500℃以上地区引种试栽。

该品系抗逆性强，基本无病虫害发生，在绝对低温－38℃的地区栽培多年无冻害。

4. 桓优1号 辽宁省桓仁满族自治县林业局山区综合开发办公室与桓仁满族自治县沙尖子镇林业站合作，于2005年从桓仁县桓仁镇软枣猕猴桃园内发现的优良单株，2008年3月通过了辽宁省非主要农作物品种备案办公室备案。

主蔓灰褐色，一年生枝灰白色，节间长1.78厘米，芽近螺旋状分布，延长枝平均长115.5厘米、粗0.66厘米，树冠紧凑，生长健壮。叶片卵圆形，嫩叶黄绿色，老叶浓绿色，叶背面淡绿色、无茸毛。叶尖圆钝或渐尖，柄洼圆形。花为完全花，乳白色，雌雄同株，呈单生或聚伞花序，每花序有花1～3朵，花冠径2.59厘米，每结果枝花序数为4.3个。

果实为卵圆形，平均单果重22克，最大单果重36.7克，果皮为青绿色。果肉绿色，果皮中厚，肉质软，果汁中，香味浓，品质上，成熟时总糖含量为9.2%，可溶性固形物含量为12.0%，每100克果肉中维生素C含量为379.1毫克，可滴定酸含量为0.18%。成熟后果实不易落粒。

在辽宁桓仁，4月12日树液开始流动，4月30日开始萌芽，6月7～15日开花，6月18～25日浆果开始生长，9月8～12日果实开始成熟，9月15～20日浆果完全成熟，8月20～25日新梢开始成熟，10月16～20日落叶，生育期140天。

5. 红宝石星 中国农业科学院郑州果树所1994年从野生河南猕猴桃（软枣猕猴桃变种）中选育的全红型猕猴桃新品种，2008年通过省级品种审定，并于当年完成农业部植物新品种保护登记。

树势较弱，枝条生长量大，树体光洁无毛。一年生枝黄褐色；其上皮孔较大，长椭圆形，分布较密，颜色呈黄色。成叶阔卵形，叶正面绿色，背面黄绿色，叶柄红色，长 3～4 厘米。花序均为二歧聚伞花序，3～5 朵花；花柄长 1.5～1.6 厘米，花萼绿色，花径平均 2.52 厘米，花瓣基部相接排列，白色；单花花柱 20～22 个，柱头、花柱均为白色，长约 4 毫米，斜生，雄蕊退化。

果实长椭圆形，果肩方形，平均单果重 18.5 克，最大 34.2 克。果实横截面为卵形，果喙端形状微尖凸。成熟后果面光洁无毛，均匀分布有稀疏的黑色小果点，果皮、果肉和果心均为玫瑰红色。果实多汁，含总糖 12.1%，总酸 1.12%，可溶性固形物 14.0%。果心较大，种子小且多。适于带皮鲜食，并适于加工成红色果酒、果醋、果汁等。抗逆性一般，成熟期不太一致，有少量采前落果现象，不耐贮藏（常温贮藏 2～3 天），需分期分批采收。

在郑州地区开花期在 5 月上中旬，花期 3～5 天。临近成熟时果皮、果肉开始着色，8 月下旬至 9 月上旬成熟。11 上旬开始落叶，11 月中下旬完全落叶。

6. 天源红　由中国农业科学院郑州果树所从河南野生软枣猕猴桃中选育而成，2008 年通过省级品种审定的全红型软枣猕猴桃品种。

果实卵圆形，平均单果重 12 克，可溶性固形物含量为 16%，果实味道酸甜适口，有香味。果皮光滑无毛，成熟后果皮、果肉和果心均为红色。该品种抗逆性一般，成熟期不一致，有采前落果现象，不耐贮藏。果实成熟时需分批采收。

在河南、陕西、湖南、湖北、四川等无霜期 180 天以上，≥10℃积温 3 700℃以上的地方可以种植。果实 8 月下旬至 9 月上旬成熟。

7. 宝贝星　四川省自然资源科学研究院 2003 年在河南省栾川县伏牛山老界林从野生软枣猕猴桃群体中收集到优良单株材料，从中筛选出 HNLC—AA03073（编号 SF03073）优良株系，经多年连续观察评价、品种比较和区试，表现丰产稳产，抗叶斑病、褐斑病等。2011 年 2 月通过四川省农作物品种审定委员会审定，定名为"宝贝星"。

为雌性品种，一年生枝条浅褐色，枝上皮孔多，椭圆形。幼叶长椭圆形，先端锐尖；成叶叶片面积 59.55 厘米^2，叶缘锯齿较深。多花序，侧花 1～3 个，花蕊黑色，花瓣数 5.35 个，花柱 23.05 个，花柱呈水平姿势，子房长椭圆形。果实短梯形，果顶凸，果皮绿色光滑无毛，果肉绿色，果实无缝痕，果柄长 2.29 厘米，果心椭圆形。平均单果质量 6.91 克，每 100 克果肉中维生素 C 含量 0.198 毫克，总糖 8.85%，总酸 1.28%，可溶性固形物 23.2%，干物质 22.6%。

植株长势中庸，一年中以春梢为主，占 85%，其次抽生少量的夏梢和秋梢，萌芽率 70%，结果枝率 65%，以 30 厘米以下的短果枝结果为主，占 60%，果实多着生于结果枝 4～8 节叶腋间，坐果率 90% 以上，嫁接苗定植后第二年有 70% 植株开花结果，第三年全部结果，第四年进入盛果期。盛果期产量 15 000 千克/公顷。生理落果现象不明显。

四川什邡地区 2 月上旬萌芽，2 月下旬展叶抽梢，4 月中旬开花，5 月上旬坐果，9 月上旬果实成熟，11 月上中旬落叶，全年生长期为 250 天左右。对叶斑病、褐斑病等有较强抵抗力。

（二）优良品系

1.8134 品系　中国农业科学院特产研究所 1981 年在吉林省集安市榆林乡榆树公社的野生软枣猕猴桃资源中选出。

一年生枝灰褐色，嫩梢浅褐色，节间长 4.1 厘米，叶片形状卵圆形，叶长 13 厘米，叶宽 11.5 厘米，雌能花，花序花朵数平均为 1.7 个。

单果平均重 17.5 克，最大果重 23 克，果实圆形，果皮绿色、光滑无毛，果肉深绿色，多汁细腻，酸甜适度，香气微香，果形指数 1.08。果实含总糖 6.3%，总酸 0.68%，每 100 克果肉中维生素 C 含量 76 毫克，果实含种子数为 164 粒。果实适宜加工果酱、酒及饮料。

树势生长旺盛，当年新梢可生长 3～4 米，坐果率较高，可达 95.5%，萌芽率为 55.5%，结果枝率为 60.2%，结果枝着生位置多在 3～12 芽位以上，花着生在果枝 5～11 节，每枝可坐果 5～8 个，6 年生单株平均产量可达 5.5 千克。

在吉林左家伤流期 4 月上旬，4 月中下旬萌芽，5 月初展叶，6 月中旬开花，单花期为 5 天左右，9 月上旬果实成熟，10 月上旬落叶。在无霜期 120 天以上，≥10℃有效积温达 2 500℃以上的地方均可栽培。该品系抗病虫性较强，抗寒性强，在绝对低温 −38℃的地区栽培枝蔓均无冻害。

2. 9701 品系 中国农业科学院特产研究所 1997 年从野生软枣猕猴桃群体中选育的优良单株，经无性扩繁而成。

主蔓和一年生枝灰褐色，嫩梢浅褐色，节间长 4.2 厘米，叶片长 12.1 厘米，宽 10.8 厘米，花序花朵数平均 1.39 个。

果实扁圆锥形，单果平均重 20.15 克，最大果重 29.89 克，果形指数 1.11。果皮绿色，较光滑。果肉深绿色，多汁细腻，酸甜适度，有香气，含总糖 8.81%、总酸 1.10%，每 100 克果肉中维生素 C 含量 96.75 毫克，0～5℃低温贮藏，较魁绿品种可延长 6～9 天。果实适宜加工果酱、酒及饮料。

该品系树势生长旺盛，当年新梢可生长 3～4 厘米，坐果率达 95%，萌芽率为 54%，结果枝率为 52.5%，结果枝多着生在 4～11 节位以上，每枝可坐果 5～7 个。六年生单株平均产量可达 5 千克。

吉林左家地区伤流期 4 月上旬，4 月中下旬萌芽，5 月展叶，6 月中旬开花，单花期为 5 天左右，9 月上旬果实成熟，10 月上旬落叶。生育期 120 天。抗病虫性较强，人工栽培基本无病虫害，抗寒性强，在绝对低温 −38℃的地区栽培枝蔓均无冻害，可适于类似于此气候的地区进行栽培。

3. 63-8 品系　中国农业科学院特产研究所在吉林省吉林市左家镇野生软枣猕猴桃资源中选得。

主蔓和一年生枝灰褐色，皮孔长圆形，嫩梢浅褐色，节间长4.05 厘米；叶片长圆形，叶长 13.2 厘米，宽 11.0 厘米；雌能花，雌花生于叶腋，花序花朵数平均为 1 个。

平均单果重 12.4 克，最大果重 17.0 克，果实椭圆形，果形指数 1.22，果皮绿色、光滑无毛。果肉深绿色，多汁、细腻，酸甜适度，香气浓，含可溶性固形物 12.0%，总糖 6.96%，总酸 1.17%，每 100 克果肉中维生素 C 含量 33.32 毫克。果实适宜加工果酱、果酒及饮料。

树势生长旺盛，坐果率高达 95% 以上，萌芽率为 53.5%，结果枝率 49.63%；花芽为混合芽；多为短枝和中枝结果，每节坐果枝 1～3 个，果实多着生于结果枝 5～14 节叶腋间，每枝可坐果 4～6 个。六年生单株产量可达 4.5 千克。

在吉林市左家地区伤流期在 4 月上旬，萌芽期 4 月中下旬，开花期为 6 月中旬，单花期为 5 天左右，9 月初果实成熟。在无霜期 120 天以上，≥10℃ 有效积温达 2 500℃ 以上的地区均可栽培。该品系抗寒性强，在绝对低温 −38℃ 的地区栽培均无冻害；抗病虫性较强，目前尚未发现有大规模病害及虫害发生。

4. 雄性优系 61-1　中国农业科学院特产研究所从野生软枣猕猴桃中选育出的优良雄性优株，代号为 61-1。

树势较强，当年生枝条灰褐色，多年生枝条灰色，节间 1～6.2 厘米，皮孔白色、梭形、密生，嫩梢绿色微红。萌芽率98.7%，花枝率 87%，以短花枝为主。叶片长卵圆形，叶尖端渐尖，叶面深绿色，叶背灰绿色，平均长 13 厘米、宽 7.3 厘米。聚伞花序，每个花序多为 7 朵花，花瓣 5～7 枚，花径平均 1.33 厘米，花药黑色，平均每朵花的花药数 44.6 个，每花药的平均花粉量 16 750 粒，发芽率 94% 以上。

在吉林市左家地区，伤流期 4 月上中旬，萌芽期 4 月中下旬，开花期 6 月中下旬，花期长约 9 天。花期能与魁绿、丰绿、佳绿、9701、63-8 等品种或品系花期相遇。无霜期 120 天以上，10℃以上有效积温达 2 500℃以上的地方均可栽培，抗病虫能力强。经授粉试验，用该品系的花粉与大部分雌性品种授粉，均能正常结果，可增加果实单果质量、提高果实品质。

二、苗木的繁殖方法

（一）实生繁殖育苗

1. 种子处理 每年 9 月上旬采摘成熟的软枣猕猴桃果实，果实采收后自然放置，放软后立即洗种，不能堆沤。将放软的果实揉搓、水洗，搓去果皮和果肉，使种子外表洁净，同时要去除未成熟的种子，然后装入布袋内，放在通风阴凉、无鼠害的地方保存，切忌在阳光下曝晒，以免降低种子的生活力。

层积处理前用清水浸泡种子 1～2 天，每天换 1 次清水，然后按 1∶3 的比例将湿种子和洁净的细河沙混合在一起，沙子湿度为沙子用手握紧成团而不滴水，松手沙团散开为宜（绝对含水量为 5% 左右），再装入木箱、花盆中在 0℃左右条件下贮藏。沙藏期间应翻动数次，保持上下温度一致，如果量大，可选择排水良好、背风向阳处挖贮藏沟进行沙藏，然后在上面盖上土，高出地面 10 厘米，防止雨水、雪水没入沟中，整个处理过程需 135 天左右。

播种前半个月左右，把种子从层积沙中筛出，用清水浸泡 1～2 天，每天换 1 次水，浸水的种子捞出后，保持一定湿度，置 20～25℃条件下催芽，5～10 天后大部分种子种皮裂开或露出胚根、即可播种。

2. 露地直播育苗 为了培育优良的软枣猕猴桃苗木，苗圃地要选择在地势平坦、水源方便、排水好、疏松、肥沃的沙壤土，或含腐殖质较多的森林壤土，苗圃地应在前一年土壤结冻前进行翻耕，耙细，翻耕深度 25～30 厘米，结合秋施肥施基肥，每亩*地农家肥 2 500 千克。

播种时间：春播（5 月上旬），秋播（土壤结冻前）月平均气温在 14～20℃有利于种子发芽，过早或过迟播种发芽率较低，要选择排涝方便，土壤肥沃且呈微酸性或中性的沙壤土作苗圃，播种前可根据不同的土壤条件做床，低洼易涝，雨水多的地块可做成高床，床高 25 厘米，长 10 米、宽 1.2 米，高燥干旱、雨水较少的地块可做成低床。不论哪种方式都要有 15 厘米以上的疏松土壤。因软枣猕猴桃种子小，形如芝麻，所以，要耙细床土，清除杂质，整平床面即可播种。施足底肥，以有机肥为主，每亩施入 1 000 千克，播种前可用多菌灵进行土壤消毒。播种时先开宽约 3 厘米、深约 1 厘米的平底线沟，行距 10～15 厘米。将种子播入沟里，播种量为 2 克/米²，然后覆上营养土，厚为 0.5～1 厘米，上面覆盖一层稻草、松针或草帘，结合浇水，喷施 50％代森锰锌水剂 800～1 000 倍液。

春播后要保持土壤湿润，当种子发芽时揭去覆盖物，幼苗长出 4 片真叶后进行间苗，株距保持在 5～8 厘米。苗床要及时中耕除草和防病虫害，苗期追肥两次，第一次在苗木长到 5 厘米左右进行，在幼苗行间开沟，每个苗床施硝酸铵 200～250 克、磷酸铵 50 克；第二次在苗高 10 厘米左右时进行，每个苗床施磷酸二铵 300 克、硫酸钾 80 克。

软枣猕猴桃实生苗在苗圃生长一年或二年即可进行嫁接。起苗时间为秋季落叶后或翌年萌芽前。

3. 保护地育苗　为提早移栽，提早嫁接，当年育苗当年可出圃，可采取保护地提前播种培育营养钵苗的方法，能够达到早移栽，而且提高成活率的效果。播种及播后管理：在吉林地区 4

---

　　* 亩为非法定计量单位，1 亩约为 667 米²。——编者注

月初扣塑料大棚,采用规格为 6 厘米×6 厘米、7 厘米×7 厘米的塑料营养钵。营养土的配方为,农家肥(腐熟):细河沙:腐殖土=5:25:75,并按 0.3% 的比例加入磷酸二铵(研成粉末)。播种前给营养钵内的营养土浇透水,每个营养钵内播种 3～4 粒,覆土厚度 1.5～2 厘米。播种后结合浇水,喷施 50% 代森铵水剂 800～1 000 倍液。

播种后要保持适宜的湿度,一般 2～3 天浇水 1 次。6 月中下旬可将幼苗带土坨移入苗圃。

(二) 无性繁殖育苗

1. 硬枝扦插育苗　春季利用一年生成熟枝条进行扦插繁殖的育苗方法。

(1) 扦插时期　硬枝扦插在吉林 3 月中下旬,选取一年生枝条进行扦插,扦插后的气温不宜超过 15℃。硬枝扦插可选用回笼火炕扦插床或电热扦插床,二者相比,电热扦插床对温度易控制。

(2) 电热线插床建造　要在前一年冬初土壤结冻前挖好床坑,并在四周建好风障。电热温床长 6 米,宽 2 米,高 30 厘米,以南北延长为宜。挖好床坑后,用砖砌成四框围墙,围墙高出地面 30 厘米。如地下水位高,可不挖坑,在地面上砌成 40～45 厘米的围墙即可。首先在插床底层铺放一层厚度为 5 厘米左右的绝缘材料,一般用细炉灰做隔热绝缘层,然后将电热线平铺在隔热绝缘层上,电热线之间距离为 10 厘米左右。电热线要固定,防止移动。电热线铺好后,再填入厚度为 22 厘米的扦插基质。填扦插基质时注意不要串动电热线的位置,使之分布均匀,保证温度均衡。最后将电热线与导电温度表、电子继电器连接。接通电源,使扦插基质升温和调整所需要温度,当温度自行控制在 25～28℃ 时即可利用。

(3) 插床基质选择　扦插床的扦插基质适宜与否是直接影响

插条生根和成活的重要因素。过去普遍用沙子作基质，中国农业科学院特产研究所进行的软枣猕猴桃扦插育苗不同基质试验结果表明，炉灰基质扦插生根率比河沙基质提高了 13.6%，单株根系数、根系长度分别提高了 18.2%，29.34%，且根系粗壮，炉灰做扦插基质保水性、透气性都好于河沙，并含有一定的营养物质。炉灰来源广泛、经济，且扦插效果好，说明炉灰是软枣猕猴桃绿枝扦插的理想基质。

（4）**插条选择与处理** 硬枝扦插的插条是利用冬季修剪下来的一年生枝条，选择健壮、芽眼饱满的利用；插条长度一般为 15～18 厘米，插条下部切口削成 45°角，上切口在芽眼上部 1.5 厘米处切断，切口要平滑。硬枝扦插条在扦插前用 150 毫克/千克的萘乙酸或吲哚丁酸浸泡 24 小时。插床在扦插前 3～4 天先行加温，待 15 厘米深的插壤层中温度恒定在 25～28℃ 时，即可扦插以处理好的枝条。插入深度以芽眼露出地面 1 厘米左右为宜，扦插深度必须一致，如插入深浅不一，则无法调节插条生根部位插壤的温、湿度。扦插的株距、行距以 3 厘米×7 厘米为宜。为了控制插条芽眼萌发，插条的芽眼以向北为好，否则芽眼过早萌发，根系尚未生出，会降低生根率。

（5）**扦插后管理** 扦插后要经常保持插床湿润，绝对含水量应控制在 8%～11%，最高不超过 13%，最低不能低于 7%。催根期间的前期插床要覆盖塑料薄膜，中、后期有雨、雪天也需加以覆盖，防止雨、雪水进入床内，造成扦插基质温度降低和含水量过高，及时进行抹芽，锄草。

2. 绿枝扦插育苗 绿枝扦插繁育常规的方法，是在露天作床进行扦插，此种繁育方法易生根，繁殖效率高。

（1）**扦插时间** 6 月中下旬，新梢达到半木质化时进行。

（2）**扦插方法** 选择充实的半木质化新梢作插条，插条长度为 15～18 厘米，插条下端剪成 45°角，上切口在芽眼上部 1.5 厘米处剪断，剪口要平滑，插条只留 1 片叶或将叶片剪去一半，为促进生根，扦插前用 1 000～2 000 毫克/千克的萘乙酸浸泡 1.5 分钟后再斜插入行株距为 10 厘米×4 厘米的苗床中，入土的深度以插条上部的芽眼距地面的土壤 1.5 厘米左右为宜。生根基质为河沙或细炉灰，厚度为 20 厘米左右，在生根基质下面铺 20 厘米厚的壤土或腐殖土作为扦插苗生长的土壤。应控制白天最高温度不超过 28℃，夜间最低温度不低于 17℃，温室或塑料大棚棚顶铺设 50％透光率的遮阳网。

（3）扦插后的管理　插床首先搭设遮阴棚，透光率在 60％左右，扦插后 25 天内，每天用半雾状化的细喷壶喷水，叶片要经常保持湿润状态；当根系生根后喷水量逐渐减少，基质保持湿润即可，同时去除遮阴物。在温度降至 10℃左右时苗床需扣上塑料棚，提高扦插棚内的温度和延长扦插苗的生育期，加速苗木的生长和发育，生长期内结合浇水喷施 0.5％尿素 2～3 次。

起苗在 11 月上旬进行。将扦插苗分级，沙藏。

3. 压条繁殖　压条繁殖是我国劳动人民创造的最古老的繁殖方法之一，其特点是利用一部分不脱离母株的枝条压入地下，使枝条生根繁殖出新的个体，其优点是苗木生长期养分充足，成活率高，生长壮，结果期早。

压条繁殖多在春季萌芽后，新梢长至 10 厘米左右时进行。首先，在准备压条的母株旁挖 15～20 厘米深的沟，将一年生成熟枝条用木杈固定压于沟中，先填入 5 厘米左右的土，当新梢长至 20 厘米以上，且基部半木质化时，再培土与地面一平。秋季将压下的枝条挖出并分割成各自带根的苗木。

4. 硬枝嫁接育苗　硬枝嫁接方法主要是在 1～2 年生砧木苗上春季劈接。软枣猕猴桃髓部较大且有空心，嫁接成活较困难，但春季劈接效果较好，易于成活，且生长期长，可以当年出圃。

采用春季劈接，要选用优良品种的一年生枝条作接穗。首先在接穗芽的下方1～2厘米处两侧对称各斜削一刀，使接穗成楔形，随后在芽的上方0.3厘米处横切一刀，切断接穗。砧木可采用软枣猕猴桃实生苗，在根部上方10厘米左右处，选择圆直光滑的部位切断，用嫁接刀将断面削平，然后在断面髓心中间纵劈一刀将接穗插入，使接穗与砧木的形成层互相对准，并要注意接穗削面稍高出砧木断面0.1厘米左右，然后用塑料薄膜扎紧。

嫁接后要加强萌蘖的管理，及时去除萌蘖，保证接穗成活。

5. 绿枝嫁接育苗　砧木的培养参照露地直播育苗，在冬季来临之前如砧木不挖出，则必须在上冻之前进行修剪，每个砧木留3～4个芽（5厘米左右）剪断，然后浇足封冻水，以防止受冻抽干。如拟在第二年定植砧苗，则可将苗挖出窖藏或沟藏，这样更利于砧苗管理，第二年定植时也需要剪留3～4个芽定干。原地越冬的砧木苗来年化冻后要及时灌水并追施速效氮肥，促使新梢生长，每株选留新梢1～2个，其余全部疏除。用砧木苗定植嫁接的，可按一般苗木定植方法进行，为嫁接方便可采用垄栽。

在吉林各地可在5月下旬至6月下旬进行绿枝嫁接，但嫁接晚时当年发枝短，特别是生长期短的地区发芽抽枝后当年不能充分成熟，建议适时早接为宜。嫁接时最好选择阴天，接后遇雨则较为理想，阳光较为强烈的晴天在午后嫁接较为适宜。

嫁接时选取砧木上发出的生长健壮的新梢，新梢留下长度以具有2～4枚叶片为宜。剪口距最上叶基部2厘米左右，砧木上的叶片留下。为了使愈合得更好，砧木剪口应平滑，剪截用的剪子要锋利，接口也可采用单面刀片切断。

接穗要选用优良品种或品系的生长苗壮的新梢和副梢。剪下后，去掉叶片，只留叶柄。接穗最好随采随用，如需远距离运输，应做好降温、保湿、保鲜工作，以提高成活率。嫁接时，芽上留0.5～1厘米，芽下留2.0～3.0厘米，接穗下端视接穗粗度削成1.5～2.0厘米的双斜面楔形，斜面要平滑，角度小而均匀。

在砧木中间劈开一个切口，把接穗仔细插入，对齐接穗和砧木二者的形成层，接穗和砧木粗度不一致时对准一边，接穗削面上要留1毫米左右，有利于愈合。接后用宽0.5厘米左右的塑料薄膜把接口严密包扎好，仅露出接穗上的叶柄和腋芽。在较干旱的情况下，接穗顶部的剪口容易因失水而影响成活，可用塑料薄膜"戴帽"封顶。

嫁接过程需要注意：砧木要较鲜嫩，过分木质化的砧木成活率不佳；接穗要选择半木质化枝段，有利成活；接口处的塑料薄膜一定要绑好，不可漏缝，但也不可勒得过紧；接前特别是接后应马上充分灌水并保持土壤湿润；接后仍需及时除去砧木上发出的侧芽，接活后适时去除塑料薄膜。

软枣猕猴桃绿枝嫁接见图3-1。

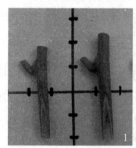

图3-1 软枣猕猴桃绿枝嫁接

1. 接穗 2. 嫁接 3. 绑缚

6. 组培育苗 植物的组织培养作为一种新兴技术和科研手段，在植物科学的各个领域蓬勃发展，并且在农业、林业、园艺、中草药等生产领域得到广泛的应用，显示出巨大的优越性。根据培养材料的来源及特性，可以将植物组织培养分为胚胎培养、器官培养、愈伤组织培养、细胞培养等。在生产中可以根据实际需要，采用相应的组织培养方法，解决品种改良、快速繁殖、消除作物病毒、种质资源保存、有用物质生产等方面的问题。植物的组织培养是当今应用最多、最有成效和最成熟的一项生物技术。新选育的单株或新引进的良种，利用组织培养，可在短期内提供大量的苗木，以满足生产上的需要。组织培养作为一个无性繁殖的手段，用1个苹果芽在8个月内可繁殖6万个枝条，用1个杨树腋芽1年内可繁殖100万株苗木，用1个软枣猕猴桃芽1年内可繁殖50万株苗木，由此可见，其应用前景十分广阔。

（1）**外植体的取得和处理** 取软枣猕猴桃品种或优系的腋芽作为组织培养的材料。剪取2厘米长的单芽茎段，用水冲洗10分钟，75%的酒精消毒20秒，无菌水冲洗4～5次，之后用0.1%升汞消毒8分钟，用无菌水冲洗4～5次，经无菌滤纸上吸干水分后，接种于已灭菌的培养基上。

（2）**芽的诱导** 诱导培养基采用MS＋2毫克/升6-BA＋0.02毫克/升NAA＋30克/升蔗糖＋5克/升琼脂，pH为5.8，保持温度18～22℃，光照10小时，光照强度800～1 200勒克斯，经30天后可以形成芽丛。

（3）**继代培养** 将诱导出的芽丛切成多个芽丛，接种到上述诱导培养基中，pH为5.8，培养条件为温度18～22℃，光照10小时，光照强度800～1 200勒克斯。

（4）**生根培养** 将大于2厘米的芽丛枝转接于生根培养基上，生根培养基为：1/2 MS＋0.2毫克/升IBA＋15克/升蔗糖＋5克/升琼脂，pH为5.8，保持温度18～22℃，光照12小时，光照强度2 000勒克斯，经15～20天可生根。

（5）**炼苗** 将已生根的小植株开瓶炼苗2～3天，再移入已装有草炭∶田园土∶珍珠岩（5∶2∶1）的营养钵里，浇培杀菌剂水溶液，经7天后，可见小植株叶片变深绿色，说明已成活。经15天后，小植株叶片开始长大，已完全成活，4～5周后可进行移栽，成活率在90%以上。

三、苗木分级与贮藏

（一）苗木分级

扦插苗和嫁接苗分 2 个等级。向需求者提供 1～2 级苗，等外苗回圃扶壮，暂时不能运出的要进行假植。

表 3-1　软枣猕猴桃苗木标准

项目 \ 等级	一　级	二　级
根	根系发达，有 6 条以上 15 厘米以上侧根，并有较多的须根	根系发达，有 4 条以上 15 厘米侧根，并有较多的须根
枝蔓	枝蔓细的品种粗度不少于 0.3 厘米，枝蔓粗的品种不少于 0.5 厘米，成熟节数不少于 10 节以上	枝蔓粗度为 0.3 厘米以上，成熟 5～10 节
芽	芽眼充实饱满	芽眼充实饱满
接合部（嫁接苗）	接口愈合良好	接口愈合良好

（二）苗木贮藏

1. 起苗的时期和方法　苗木出圃是育苗的最后一个环节，为保证苗木定植后生长良好，早期结果、丰产，必须做好出圃前的准备工作。首先制定挖苗技术要求、分级标准，并准备好临时假植和越冬贮藏的场所。11 月中旬，当保护地中的苗木停止生长、充分落叶后即可起苗，在土壤结冻前完成起苗出圃工作。起苗时要尽量减少对植株特别是根系的损伤，为保证苗木根系完好，起苗前可用趟犁把垄沟趟 1 次。如果土壤干旱可灌一次透水，然后再起苗。苗木起出后将枝条不成熟的部分和根系受伤部分剪除。每 20 株捆成 1 捆，拴上标签，注明品种和类型。不能在露天放置时间过长以防苗木风干，应尽快放在阴凉处临时假植，当土壤要结冻时进行长期假植和贮藏。

2. 苗木的假植

（1）**临时假植**　凡起苗后或栽植前较短时间进行的假植，称为临时假植。临时假植要选背风庇荫处挖假植沟，一般为 25 厘米左右深，将苗木放入沟中，把挖出的土埋在苗木根部与苗干上，适当抖动苗干，使湿土填充苗根部空隙踏实即可，达到苗木根、干与土密接不透风的目的。

（2）**长期假植**　秋季起苗后当年不进行定植，需等到来年栽植，可采用长期假植（图 3-2）越冬的方法。长期假植，因为假植时间长，还要度过漫长的冬季，所以，要求比临时假植要严格得多。其方法是选择庇荫、背风、排水良好、便于管理和不影响春季作业的地段，挖东西向的假植沟，沟深一般 25～35 厘米，把待假植的苗木成捆排在假植沟内，然后用湿沙将苗根及下部苗干埋好，踏实后再摆下一层苗木，同样用湿沙将苗根及下部苗干埋好，依次进行，最后在苗木上面覆一薄层秸秆。假植的要点是"疏排、浅埋、拍实"。如果沙子干燥，假植前后可以灌水以增加沙子湿度。但浇水不宜太多，以防烂根。

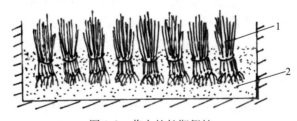

图 3-2　苗木的长期假植
1. 苗木　2. 土壤

假植期间应注意经常进行检查，苗木根部出现空隙，应及时培沙，以防透风。冬季下雪时，可将雪灌入苗木枝干部，枝干外露 1/3 即可。春季化冻时，如果雪大要及时清扫积雪，以防雪水浸苗。春季不能及时栽植时，应采取措施降温，以防芽眼萌发。

3. 苗木的沟藏及窖藏 为了更好地保证苗木安全越冬，延迟苗木来年春天发芽的时间和延长栽植季节，可采用沟藏（图3-3）或窖藏（图3-4）的方法进行贮藏。贮藏沟、窖的地点也应选择地势高燥、背风向阳的地方。

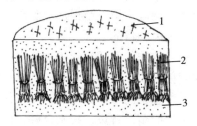

图3-3 苗木沟藏
1. 土壤 2. 苗木 3. 沙

（1）**沟藏** 土壤结冻前，在选好的地点挖沟，沟宽1.2米、深0.6～0.7米，沟长随苗木数量而定。贮藏苗木必须在沟内土温降至2℃左右时进行，时间一般为11月中下旬至12月上旬。贮藏苗木时先在沟底铺一层10厘米厚的清洁湿河沙，把捆好的苗木在沟内横向摆放，摆放一行后用湿河沙将苗木根系培好，再摆下一行，依此类推。苗木摆放完后，用湿沙将苗木枝蔓培严，与地面持平，最后回土成拱形，以防雨、雪水灌入贮藏沟内。

（2）**窖藏** 当土壤要结冻时，进行贮藏。贮藏时先在窖内铺一层10厘米厚的洁净湿河沙，将捆好的苗木成行摆放，摆完一行后用湿河沙把根系及下部苗干培好，再摆下一行，依次类推。在贮藏期间，要经常检查窖内温、湿度，窖内温度一般应保持在0～2℃，湿度以85%～90%为宜。温度过高、湿度过大会使贮藏苗木发霉，湿度过小会因失水使苗木干枯。此外，还要注意防止窖内鼠害。

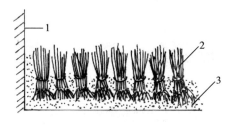

图 3-4 苗木的窖藏
1. 窖壁 2. 苗木 3. 沙

（三）苗木运输

苗木在运输前应妥善进行包装，以免风干或受损伤。包装时，苗木基部及根系之间要填塞湿锯末等物，防止干枯。

运输时期以秋季起苗后（10月中旬至11月上旬）或翌年栽植前（4月上旬）为宜，不宜在严冬季节运输。

第四章 建 园

　　软枣猕猴桃是多年生木质藤本植物，建园投资大，经营年限长，因此，选地、建园工作非常重要。对软枣猕猴桃园地的选择必须严格遵守自然法则，讲求软枣猕猴桃生育规律和经济效果，以生产出优质的商品果实、更好地满足国内外市场需求为目的。若园地选择得当，对植株的生长发育、丰产、稳产、提高果实品质、减少污染以及便利运输等都有好处。如果园地选择不当，将会造成不可挽回的损失。因此，建立高标准的软枣猕猴桃园，首先要选择好园地。

一、园地选择

　　软枣猕猴桃根系肉质化，较脆弱，既怕渍水，又怕高温干旱。在新梢抽生时，由于强风的原因极易造成新梢吹折，尤其是对倒春寒或早霜的抵抗能力较弱，低温冻害严重。在园地的选择上要注意所处地域的生态环境条件。软枣猕猴桃适宜在亚高山区（海拔 800～1 400 米）种植，如在低山、丘陵或平原栽培软枣猕猴桃时，则必须具备适当的排灌设施，保证雨季不受渍，旱季能及时灌溉。这是软枣猕猴桃栽培能否取得较好经济效益的关键。园地的选择应从以下几个方面来考虑。

（一）气候条件

　　宜选择气候温和，光照充足，雨量充沛，而且在生长季节降水较均匀，空气湿度较大，无早、晚霜害或冻害的区域。

（二）土壤条件

土壤以深厚肥沃，透气性好，地下水位在 1 米以下，有机质含量高，pH7 左右或微酸性的沙质壤土为宜。其他土壤（如红、黄壤土和 pH 超过 7.5 的碱性土壤）则需进行改良后再栽培。

（三）交通运输与市场

果品以鲜食为主的，要靠近市场、交通便利。同时，对消费群体的爱好及其他果品来源渠道做深入调查，以便确定主栽品种和栽培面积。

（四）坡向和等高线

在山地建园时，软枣猕猴桃选择园址时宜选背阴坡向的北坡、东北坡和西北坡，坡度一般不超过 30°，以 15° 以下为好。等高线是修筑梯田必须考虑的因素。

开辟园地时，宜先在斜坡上按等高差或行距依 0.2% ～ 0.3% 的比降测出等高线。按等高差定线开的梯面宽窄不一，按行距定线则梯田宽窄相同，但每台梯田的高差不同。因此，一般以后者为宜，在坡度变化不大时则可按一定高差定线。

（五）周边环境

园址要远离具有污染性的工厂，距交通干线的距离应在 1 000 米以上，周围设防风林，水源充沛，大气质量应符合我国《GB3095—2012 环境空气质量标准》，距加工场所的距离不宜超过 50 千米，交通条件良好。另外，近年来的实践表明，软枣猕猴桃园的选地应尽量避免与玉米地等农作物相邻接，由于该类农作物在进行农田除草时常大量喷洒 2,4-滴丁酯等漂移性较强的除草剂，使软枣猕猴桃遭受严重药害，个别地块甚至绝产。

2,4-滴丁酯在无风条件下其漂移距离一般在 200 米左右,有风时漂移距离可达1 000 米,因此,建园时要将与大田作物的间距控制在 1 000 米以上。

二、园地规划

软枣猕猴桃园地选定以后,根据建园规模的大小要进行全园规划。首先测绘出全园的平面地形图。用 1/500～1/2 000 的比例尺,采用 50～200 厘米的等高距测出等高线,同时勘测并标明不同土壤在园中的分布情况。依据测得资料,进行园地的道路、防护林、排灌系统、水土保持工程及作业间、仓库等建筑物的规划。

(一)道路系统

为了田间作业和运输的方便,全园要分成若干个区,区间由道路系统相连接。园中设置 6 米宽的主道贯通全园的各个区。区间由 4 米宽的副道相连,副道与主道相垂直。主道和副道把全园分成若干个小区,小区面积因园地面积的大小和平整情况而定。地形变化较大的,小区面积要小些,一般 15～30 亩;地形变化小的,小区面积可大些,一般 30～45 亩。每大区包括 5～10个小区,道路系统所占面积约为总面积的 5%～6%。小区面积越大,道路系统所占的土地面积越小,所以,在环境条件允许的情况下,小区面积应适当大些。小区的规划应有利于机耕管理,以长方形为好,宽 100 米,长 200～300 米。软枣猕猴桃在平地或缓坡地段栽培,取南北行向时植株能够较均匀地接受阳光照射。在较陡的坡地栽培,行向要与等高线平行,以配合水平耕作,并有利于水土保持及相应工程的施工。行的长度即为小区的宽度,以不超过 100 米为宜,否则不利于田间各项作业。

（二）防护林的建立

软枣猕猴桃园多建立在山区或半山区，应该尽量利用自然防护林，可以加快建园速度，同时降低建园成本。如果选定的园址无天然防护林可以利用，又是经常会受到风沙威胁的地方，就必须在建园前1～2年或与建园同时规划并栽植防护林带。一般防护林带面积占全园土地面积的4％左右。我国东北地区主要风向为西南和西北风，所以，主林带应为南北向，栽3～5行乔木，株距150～200厘米，如当地风力较大时，可在行间加栽数行灌木丛。林带栽植应选择适应当地生长的速生树种，乔木可用山杨、洋槐、唐槭、水曲柳、白桦等，灌木树种可用毛樱桃、紫穗槐、榛等。

面积300～500亩以内的软枣猕猴桃园，园的周围栽植防护林后，园中不必再设副林带。如果是500亩以上的大面积园地，园中就要增设副林带。主林带间距300～500米，与主林带相垂直建立副林带，副林带间距500～1 000米。园中林带与道路交叉处，应留出10～20米的缺口，以利交通，并可避免山地软枣猕猴桃园因冷空气的沉积引起的晚霜危害。

（三）排灌系统

软枣猕猴桃较易受水淹危害，在我国东北地区的自然条件下，只要园地选择适当，即使不设专门的排灌系统，也能正常生长。但是为了获得高产、稳产，在建园的同时必须设计排灌系统。

1. 排水系统 表土层积水一周即会引起软枣猕猴桃植株死亡。在建园时，应避免选用地下水位高和有窄皮水的土地。排水主要针对我国东北地区降雨集中在7～8月的特点，在雨季来临前，按1/1 000的比降进行全面耕作起垄，方可在雨季时排除园内的积水。雨水特别多的年份，可在园内每隔15～20米挖一条宽 0.5～0.8 米，深 0.3 米，有 1/1 000 比降的顺水明沟，即可将水排除。

2. 灌水系统 软枣猕猴桃园的灌溉可采用较先进的喷灌、滴灌和渗灌系统，也可采用传统的明沟漫灌和池灌法。

在建园的时候，要考虑到在水源处（河流、水井、水库等）建筑水泵房，安装好提水机械及输水管道，以供需要时利用。灌水系统有以下几种，可根据园内具体情况加以选用：

（1）沟灌或池灌 由输水渠、配水渠、灌水沟（灌水池）等组成灌水系统。输水渠是永久性的设施，配置在主道或辅道的道旁，位置较高，主要输导由水源引来的水，再输送到临时性配水渠中。配水渠可以每隔 100 米左右开设 1 条，长度可根据土壤透水性和小区的宽度而定，一般长 400～1 000 米，等高配置，要有 1/1 000～3/1 000 的比降。从配水渠分段把水引至软枣猕猴桃园的行间灌水沟（池）中，直接灌溉。沟长一般 100 米，每次灌水每亩地用水量为 10～20 吨。

（2）喷灌 喷灌是一项较为先进的灌水措施，它与地面灌溉相比有许多优点：

①省水。较地面灌溉能节省水量 30%～50%。

②省工。在相同条件下喷灌的总用工量仅为地面灌溉的 1/5 左右。

③省地。基本不占用土地面积。

④保土。喷灌不像地面灌溉那样破坏土壤团粒结构，可避免土壤冲刷或流失。

（3）滴灌 滴水灌溉简称滴灌，是将水增压、过滤，通过低压管道送到滴头，以点滴的方式，经常地、缓慢地滴入植物根部附近，使植物主要根区的土壤经常保持最适含水状况的一种灌溉方法。在有条件的地方，软枣猕猴桃园应采用滴灌。滴灌的优点是省水，可比地面灌溉省水 40%～60%，同时还能保证植株生长良好，有利于增产。滴灌能促进土壤空气交换，使根系发育良

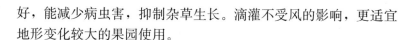

好，能减少病虫害，抑制杂草生长。滴灌不受风的影响，更适宜地形变化较大的果园使用。

（四）水土保持

软枣猕猴桃园建立于坡地上时，园地规划必须把水土保持工作做好。一般包括以下几项工程：

1. 拦水沟 在园地的上方挖一条等高拦水沟，拦截园地上面流下的雨水，使之顺沟排出园外。沟宽 1.5～2 米，深 1 米左右，沟底要有 1/1 000 的比降，如果有防护林，应把拦水防护沟设在林带之上。

2. 撩壕 设置撩壕是比较常用的水土保持方法，投入少，效果较好，若软枣猕猴桃园坡度在 10°以下可以使用。撩壕在坡面上以 1/1 000 的比降等高排列，撩壕的距离 10～15 米，坡度大的撩壕间距应小些，反之可大些。撩壕的断面呈锅底形，深 0.4 米，宽 1.2～1.5 米，把挖出的土置于下坡，可形成一缓坡的壕埂。撩壕的出口处与排水沟相接，可把径流水排出园外。

3. 排水沟 排水沟是设置在软枣猕猴桃园外（大园往往园内也设排水沟）的排水系统，为水土保持的终端工程。天然排水沟的排水效果最好，应该尽量利用。找不到合适的天然排水沟，需人工开挖时，沟壁要砌石或栽草、种树保护，可考虑与栽防护林结合起来。坡度大的排水沟，往往会引起严重冲刷而塌方，要分段砌石谷坊，保证雨季排水沟的安全。

三、定植前的准备

（一）土地平整

平整土地是建高标准园不可缺少的内容之一。土地平整得是否符合标准，不仅关系到园地的规范化栽结与管理，也影响到能否保证安全生产及植株结果年限的长短。因此，应在建园之初搞好平整土地工作，使果园地面基本保持水平状态，园田的两端或者一端有一定的倾斜度（约 1/1 000 的比降），以利于灌溉和排水。平整土地主要为清除园地内的杂草、乱石等杂物，填平坑洼及沟谷，使软枣猕猴桃园地平整，便于以后作业。

未认真平整土地的软枣猕猴桃园，土面植被较少，地表裸露，遇上大雨冲刷土壤流失十分严重，加之坡地土层较浅，不利于灌溉、施肥和耕作，生产成本较高。

（二）深翻熟化

软枣猕猴桃根系分布的深度，会随着疏松熟化土层的深浅而变化。土层疏松深厚的，根系分布也较深，这样才能对软枣猕猴桃的生长发育有利，同时可提高软枣猕猴桃对旱、涝的适应能力。最好能在栽植的前一年秋季进行全园深翻熟化，深度要求达到 50 厘米，如不能进行全园深翻熟化，就要在全园耕翻的基础上，在植株主要根系分布的范围进行局部土壤改良，按行挖栽植沟，深 0.5～0.7 米，宽 0.5～0.8 米，也能够创造有利于软枣猕猴桃生长发育的土壤条件。

（三）施肥

软枣猕猴桃是多年生植物，一经栽植就要经营几十年，其生长发育所需要的水分和营养绝大部分靠根系从土壤中吸收，因此，栽植时的施肥，对软枣猕猴桃以后的生长发育无疑是非常有益的。栽植前主要是施有机肥，如人、畜粪和堆肥等。各类有机肥必须经过充分腐熟，以杀灭虫卵、病原菌、杂草种子，达到无害化卫生标准，切忌使用城市生活垃圾、工业垃圾、医院垃圾等易造成污染的垃圾类物质，每亩施有机肥 5～6 米^3。有条件亦可配合施入无机肥料，如过磷酸钙、硝酸铵、硫酸钾等。无机肥的施用量，每亩施硝酸铵 30～40 千克，过磷酸钙 50 千克，硫酸钾 25 千克。

施肥的方法要依深翻熟化的条件来定，全园耕翻时，有机肥全园撒施，化学肥料撒施在栽植行1米宽的栽植带上。如果进行栽植带或栽植穴深翻，可在回土时将有机肥拌均匀施入，化肥均匀施在1～30厘米深的土层内。

（四）定植点的标定

定植点的标定工作要在土壤准备完毕后进行。根据全园规划要求及小区设置方式等，决定行向和等高栽植或直线栽植。

标定定植点的方法：先测出分区的田间作业道，然后用经纬仪按行距测出各行的栽植位置，打好标桩，连接行两端的标桩，即为行的位置。再在行上按深耕熟化的要求挖栽植沟或栽植穴，注意保留标桩，这是以后定植时的依据。

（五）定植沟的挖掘与回填

软枣猕猴桃的定植一般在春季进行。但春季从土壤解冻到栽苗，一般不足一个月时间，在春季新挖掘的定植沟，土壤没有沉实，栽苗后容易造成高低不齐，甚至影响成活率。因此，挖定植沟的工作，最好是在栽苗的前一年秋季土壤结冻前完成，使回填的松土经秋季和冬季有一个沉实的过程，以保证次年春季定植苗木的成活率。

定植沟的规格可根据园地的土壤状况有所变化，如果园地土层深厚肥沃，定植沟可以挖得浅一些和窄一些，一般深0.4～0.5米，宽0.4～0.6米即可。如果园地土层薄，底土黏重，通气性差，挖的定植沟就必须深些和宽些，一般要求深达0.6～0.8米，宽0.5～0.8米。挖出的土按层分开放置，表土层放在沟的上坡，底土层放在沟的下坡。挖定植沟必须保证质量，要求上下宽度一致，上宽下窄的沟是不符合要求的。沟挖完后，最好是能经过一段时间的自然风化，然后回填。在回填土的同时分层均匀施入有机肥和无机肥。先回填沟上坡的表土，同时施入有机肥料。表土不足时，可将行间的表层土填到沟中，填至沟的 2/3 后，回填土的同时施入高质量的腐熟有机肥和化肥，以保证苗期植株生长对营养的需要。回填过程中，要分 2～3 次踩实，以免回填的松土塌陷，影响栽苗质量，或增加再次填土的用工量。待每个小区的定植沟都回填完毕后，再把挖出的底土撒开，使全园平整，如图 4-1 所示。

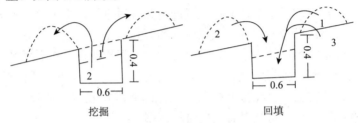

图 4-1　定植沟的挖掘和回填（单位：米）

1. 表土　2. 底土　3. 行间土

（六）支架及架线的设立

软枣猕猴桃栽培主要采用平顶大棚架、T 形架及棚篱架等架式，因架式不同，支架及架线的设立存在一定的区别。

1. 平顶大棚架支架及架线的设立　凡是架长或行距超过 6 米以上者称为大棚架。一般架高 1.8～2 米，每隔 6 米设一支柱，全小区中的支柱可呈正方形排列。支柱全长 2.4～2.6 米（水泥支柱截面 10～12 厘米见方），入土 0.6 米。为了稳定整个棚架，保持棚面水平，提高其负载能力，边支柱长为 3～3.5 米，向外倾斜埋入土中，然后用牵引锚石（或制作的水泥地桩）固定。在支柱上牵拉 8 号铁丝或高强度的防锈铁丝。棚架四周的支柱用较粗的周围拉线相连，然后在粗线上，每隔一定距离牵拉一道铁丝（距离可调，一般为 60 厘米），形成正方形网格，构成一个平顶棚架。支柱也可以采用镀锌钢管，设立方法如图 4-2。

平顶大棚架的主要优点是，架面大，通风透光条件好，能够充分发挥软枣猕猴桃的生长能力，因而产量高，果实品质好。平顶棚架有利于利用各种复杂地形，特别适合于管理精细的小规模果园。

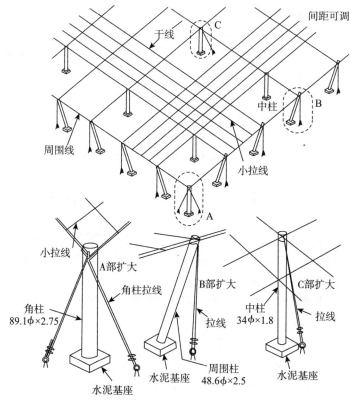

图 4-2　平顶大棚架的设立（引自末泽克彦，2008）

注：架柱规格外径（ϕ，毫米）×壁厚（毫米）。

2. T 形架支架及架线的设立　T 形架行距一般为 3.5～4 米，实际是平顶大棚架的一部分，即在直立支柱的顶部设置一水平横架（梁），构成形似 T 形的小支架，故称 T 形小棚架。一般架高为 2 米，横梁长 1.5～2 米，沿软枣猕猴桃栽植行的方向每隔 6 米立一 T 形支架。支柱全长 2.6～2.8 米（支柱粗度与平顶棚架相同），入土 60～80 厘米，地上部净高 2 米，定植带两端的支柱用牵引锚石固定。在支架横梁上牵拉 4～5 道 12 号高强度防锈铁丝，构成一个 T 形的小棚架。T 形架的株行距一般为（2～3）米×4 米（图 4-2）。

T 形小棚架是一种比较理想的架式，目前被广泛采用。其主要特点是建架容易，投资较少，可集约密植栽培，便于整形修剪以及采收等田间管理。其缺点是，抗风能力差，果实品质不一致。在强风较少的缓坡地的软枣猕猴桃园，适宜采用这种架式。

3. 棚篱架支架及架线的设立 棚篱架是棚架和篱架的结合形式，即在同一架上兼有棚架和篱架两种架面，使软枣猕猴桃的枝蔓在两种架面上分布。这种架式的特点是，能够经济地利用土地和空间，植株可以早结果和立体结果。软枣猕猴桃栽植后，先采用篱架，以利于提早结果，以后再发展成棚篱架，充分利用空间，迅速提高产量。在果园通风透光条件恶化、篱架已经没有利用价值时，再将棚篱架改造成棚架。在实际应用中，要特别注意整形和修剪，严格控制枝梢的生长，保证架面通风透光良好，否则，不能达到良好的栽培效果。

棚篱架行距一般为 4 米左右，支柱距离 6 米，支架及架线设立方法同平顶大棚架。

4. 支架的制作和埋设

（1）支架的制作 支架一般采用水泥支柱或镀锌钢管，水泥柱制作时先按支柱的标准（长度和粗度）制作木模具，模具中放置 4 根相应长度的 6 号钢筋，呈正方形排列，每隔 20 厘米加一道 8 号铅丝箍子，用细铁丝扎牢固。水泥架柱一般由 500 号水泥 10 份、河沙 2 份、卵石 3 份配混凝土制成，小石子和沙子、水泥搅拌均匀倒入模具，用震动机震实，待水泥凝固后，去掉模具，每天浇水 3 次，15 天后即成。一般 50 千克水泥可制成 5 根水泥支柱。T 形架的横梁可与支柱连体制作，呈正方形，内部放置 4 根 6 号钢筋，每隔 20 厘米扎一道 8 号铁丝箍子。

在软枣猕猴桃建园的过程中，架柱的埋设，需在栽苗前完成，一方面可提高栽苗的质量，使行、株距准确，另一方面因为有架柱及拉设铁线的保护，栽好的植株可少受人畜活动的损坏。

（2）埋设方法 埋设架柱的步骤是，依据标定栽植点的标桩先埋边柱，后埋中柱，要求埋完的架柱经纬透视都能成直线，埋柱的深度，边柱为 0.8 米，中柱 0.6 米。边培土边夯实，达到垂直和坚实为准。埋设边柱的方法有两种，一种为锚石拉线法，一种为支撑法。采用锚石拉线法，又可分为直立埋设和倾斜两种。直立埋设的边柱垂直，入土深 0.8 米，在边柱外 2 米处挖一个 1 米深的锚石坑，用双股 8 号铁丝连接锚石和边柱的上端即可，拉线的斜度为 45°。这种埋设方法施工比较方便，但是日后的田间管理受斜拉线的影响，作业较不方便。倾斜埋设法施工比较费事，但是日后的田间运输、机械作业等比较方便。此法埋设边柱使拉线垂直，边柱的内侧呈 60° 的倾斜，入土深度约 0.8 米，锚石坑挖在测定的边柱点上，深 1～1.2 米，引出双股 8 号铁丝与边柱的顶端相连接，即在边柱顶点的投影点埋锚石，在锚石点往区内行上 1.2 米处挖坑斜埋边柱即可。

四、苗木定植及当年管理

（一）定植时期

软枣猕猴桃的成品苗定植可采取秋栽或春季栽植，秋栽在土壤封冻前进行，春栽可在地表以下 50 厘米深土层化透后进行。

（二）栽植技术

1. 苗木浸水 苗木经过冬季贮藏或从外地运输，常出现含水量不足的情况。为了有利于苗木的萌芽和发根，用清水把全株浸泡 12～24 小时。

2. 定植 定植前需对苗木枝条及根系进行整理，在主干上剪留 4～5 个饱满芽，剪除病腐根系及回缩过长根系。

(1) 挖定植穴（沟） 在前年秋季已经深翻熟化的地段上，把每行栽植带平整好，按标定的株距挖好定植穴，定植穴圆形，直径 40 厘米，深 30 厘米。为了保证植株栽植准确，应使用钢卷尺测，或使用设有明显标记（株距长度）的拉线来测，以后的挖穴及定植都要利用钢卷尺或这种测距线测定。

(2) 定植方法 由定植穴挖出的土，每穴施入优质腐熟有机肥 2.5 千克拌匀，然后将其中一半回填到穴内，中央凸起呈馒头状，踩实，使离地平面约 10 厘米。把选好的苗木放入穴中央，根系向四周舒展开，把剩余的土打碎埋到根上，轻轻抖动，使根系与土壤密接。把土填平踩实后，围绕苗木用土做一个直径 50 厘米的圆形水盘，或做成宽 50 厘米的灌水沟，灌透水。水渗下后，将作水盘的土埂耙平。从取苗开始至埋土完毕的整个栽苗过程，注意细心操作，苗木放在地里的时间不宜过长，防止风吹日晒致使根系干枯，影响成活率。秋栽的苗木入冬前在小苗上培土厚 20～30 厘米，把苗木全部覆盖在土中，开春后再把土堆扒开。春栽时待水渗完后也应进行覆土，以防树盘土壤干裂跑墒。

3. 定植当年的管理

(1) 定植当年管理的意义 我国东北中、北部地区冬季气候严寒，适宜于软枣猕猴桃年发育周期的生育日期很短，仅仅 150 天左右，而且无霜期仅 120 天左右；另外，软枣猕猴桃苗木的根系很不发达，枝条也较细弱，在栽植的第一年一般生长量都较小，只有加强管理，才能促进软枣猕猴桃苗木在栽植的当年有较大的生长量和保证较高的成活率。

(2) 土壤管理 软枣猕猴桃定植当年的土壤管理虽然比较简单，但却非常重要。为了保证苗木的旺盛生长，基本采取全园清耕的方法。全年进行中耕除草 5 次以上，保持软枣猕猴桃栽植带内土壤疏松无杂草。

一般情况下当年定植的软枣猕猴桃萌芽后存在一个相对缓慢

的生长期，此期个别植株会出现封顶现象，主要原因是由于根系尚未生长出足够多的吸收根，植株主要靠消耗自身积累的养分，因此，新梢生长缓慢。当叶片生长到一定程度后即可制造足够的营养并向植株和根系运输，从而促进根系生长，此期可适当喷施尿素或叶面肥，促进叶片的光合作用。至5月下旬，根系已发出大量吸收根，植株内也有一定的营养积累，上部新梢开始迅速生长，封顶新梢重新萌发出副梢，这时为管理的关键时期，需加强肥水管理，每株可追施尿素或二铵5～10克。为了促进软枣猕猴桃枝条的充分成熟，8月上中旬可追施磷肥与钾肥，每株施过磷酸钙100克，硫酸钾10～15克，或叶面喷施0.3％磷酸二氢钾。

遇旱灌水，特别要注意雨季排涝，一定要及时排除积水，否则容易引起幼苗死亡。

（3）植株管理

①新梢管理。软枣猕猴桃定植当年的生长量与苗木质量和管理措施关系很大，在保证苗木质量的前提下必须加强植株管理。一般在苗木萌发后的缓慢生长期可不对新梢进行处理，到5月下旬至6月上旬新梢开始迅速生长后，当新梢长度达50厘米左右时，根据不同栽培模式，每株可选留健壮主蔓1～2条，及时引附上架，支持物可采用竹竿或聚乙烯树脂绳。对于其他新梢可采取摘心的方法，抑制其生长，促使制造营养，保证植株迅速生长。当植株生长超过2米时需及时摘心，促进枝条成熟。如产生副梢，需疏除下部副梢，根据树形选留副梢，促进早形成树形。

②防治病虫害。软枣猕猴桃的幼苗，在一般情况下很少发生虫害和感染病害，但必须加强检查，由于一年生的幼苗较弱小，一旦发生病虫危害，会对植株的生长产生极大的影响。尤其应加强软枣猕猴桃灰霉病的观察，做到尽早防治。防治方法详见病虫害防治部分。

第五章 整形修剪及园地管理技术

软枣猕猴桃植株整形修剪的目的，是为了使枝蔓合理地分布于架面上，充分利用空间和光照条件，使其保持旺盛生长和高度的结实能力，并使果实达到应有的大小和品质、风味。不同树龄的软枣猕猴桃，有其不同的生长发育特点，必须依据其生长发育规律，进行合理的整形修剪，才能充分发挥其结果能力，达到高产、高效的目标。通过软枣猕猴桃园的土、肥、水管理，可以保证树体生长的营养及水分的充分供给，使园地的土壤及气候条件更加适宜软枣猕猴桃的生长，保证栽培的稳产、高产及优质的目的。

一、整形

（一）平顶大棚架整形

这种架式是使用最广泛的一种。其优点是果实吊在架面的下方，有较多叶片保护，避免阳光直射，灼果现象少。同时由于这种架式结构牢固，抗风能力强，枝蔓和叶片均匀布满架面，架下光照弱，杂草难于生长，可减少除草剂等农药的施用，节省劳力。

平顶大棚架栽培的植株整形采用单主干的双主蔓整形或多主蔓整形。苗木定植后第一年，选择一条直立向上生长的健壮新梢作为主干，其他新梢全部去除或留3～4片叶摘心控制生长，植株主干高达1.8米左右，当新梢生长至架面时，在架面下10～15厘米处将主干摘心或短截，使其分生2～4个大枝，作永久性主蔓。分别将这些大枝引向架面两端或东、南、西、北四个不同方位。在主蔓上每隔 40～50 厘米留一结果母枝（侧蔓），左右错开分布，翌年在结果母枝上每隔 30 厘米左右均匀选留结果枝。结果枝即可开花结果。根据植株栽培的株行距在主蔓上逐年培养大型侧蔓，侧蔓上着生结果枝组，大型侧蔓的长度为行距的一半，间距为 1.0～1.5 米。修剪引缚时应使枝蔓交错排列，均匀分布。平顶大棚架经过 4～6 年时间，可基本完成整形（图 5-1）。

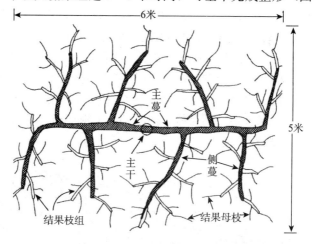

图 5-1 平顶大棚架单干双主蔓整形俯视图

（二）T 形架整形

这种架式在部分软枣猕猴桃产区应用较多。其优点是便于田间管理，通风透光条件好，并有利于蜜蜂等昆虫的传粉活动，增进果实品质，促进果实膨大。

其整形方法基本同平顶大棚架，只是当结果母枝及结果枝生长超过横梁外一道铁丝时就任其下垂生长。树形采用单干双蔓整形和单干多蔓整形。单干双蔓整形的方法为：苗木定植后第一年选择主干，新梢超过架面 10 厘米时，在主干高 1.7 米左右，对主干进行摘心，促进新梢健壮生长，芽体饱满。摘心后常常在主干的顶端抽发 3～4 条新梢，可从中选择两条沿中心铁丝左右生长的健壮新梢作主蔓，其余的疏除。当主蔓长到 40 厘米时，绑缚于中心铁丝上，使两条主蔓在架面上呈水平分布。随着主蔓的生长，每隔 40～50 厘米选留一结果母枝，在结果母枝上每隔 30 厘米选留一结果枝。结果母枝的生长超过横梁最外一道铁丝时，也任其自然下垂生长。单干多蔓整形的方法为：苗木定植后第一年选择主干，在主干 1～1.5 米的范围内摘心，促发 2 条主蔓，当主蔓接近架面以下的位置再次摘心或短截，在每条主蔓发出的新梢中选择 2 条健壮新梢作为侧蔓，当侧蔓长到 40 厘米时，每条侧蔓直接水平绑缚在铁线上。在侧蔓上直接着生结果母枝，随着侧蔓的生长，每隔 40～50 厘米选留一结果母枝，在结果母枝上每隔 30 厘米选留一结果枝（图 5-2）。T 形架经过 4～5 年的时间可基本完成整形任务。

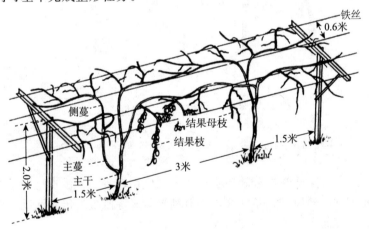

图 5-2　T 形架单干多蔓整形

（三）棚篱架整形

棚篱架是棚架和篱架的结合形式，即在同一架上兼有棚架和篱架两种架面，使软枣猕猴桃的枝蔓在两种架面上分布。这种架式的特点是，能够经济地利用土地和空间，植株可以早结果和立体结果。软枣猕猴桃栽植后，先采用篱架，以利于提早结果，以后再发展成棚篱架，充分利用空间，迅速提高产量。

棚篱架栽培的植株整形采用单主干的倒 L 形。苗木定植后第一年，选择一条直立向上生长的健壮新梢作为主干，当新梢生长至架面时，在架面下 10～15 厘米处将主干摘心或短截，促使其分生侧枝，在垂直架面的每一道架线位置，左右各选留一个侧枝作为永久性主蔓（架线间距 50～60 厘米）。最上端选留一个分枝使垂直于上部铁线方向水平生长，成为主干的延长梢。在水平架面上每隔 40～50 厘米留一结果母枝，左右错开分布，翌年在结果母枝上每隔 30 厘米左右均匀选留结果枝。结果枝即可开花结果，结果母枝每 3 年更新 1 次。修剪引缚时应使枝蔓交错排列，均匀分布。以上过程需要经多年完成，一般情况下棚篱架树形经过 4～5 年时间可基本完成整形。

二、修剪

（一）软枣猕猴桃枝芽的类别

软枣猕猴桃的枝条（茎）又可称为蔓。由于着生部位和性质不同，可分为主干、主蔓、侧蔓、结果母枝、结果枝、新梢等。其芽可分为冬芽、夏芽和潜伏芽。软枣猕猴桃的修剪就是要控制侧蔓、结果枝、营养枝等的比例合理，生长于结果均衡。

1. 主干 有主干整形的植株，从地面到分枝处为主干。

2. 主蔓 从主干上分生出来的大枝蔓。

3. 侧蔓 从主蔓上分生出来的蔓。

4. 结果母枝 当年抽生的新梢，秋后发育成熟，已木质化，枝表皮呈褐色，已有混合芽，到翌年春可抽生结果枝的称结果母枝。

5. 结果枝 春季从结果母枝上萌发的新枝中，有花序者称结果枝。

6. 营养枝 抽生的枝蔓中，无花序者称营养枝。

7. 新梢 当年抽生的新枝叫新梢，是由节部和节间组成。节间较节部细，长短因品种和生长势而异。

8. 徒长枝 生长直立粗壮、节间长、芽瘪、组织不充实的枝条。

9. 冬芽 当年形成后，须越冬至翌年才能萌发的叫冬芽。

10. 夏芽 当年形成的芽当年即可萌发抽枝的叫夏芽。

11. 潜伏芽 软枣猕猴桃有些冬芽越冬后不萌发，若干年才萌发，即植株受到损害或修剪刺激时才萌发为新梢的称潜伏芽。一般用作衰老树（枝条）的更新。

（二）修剪方法

修剪是在整形的基础上建立和保持营养枝和结果枝的结构合理，并保持一定的叶果比例，协调植株生长和结果之间的平衡，以达到优质、高效生产和延长结果年限的目的。整形一般在幼树阶段进行，则修剪则用之于树体生长一生。如何进行修剪要依据植株的生长结果习性、树龄和长势及立地条件和栽培管理水平来定。

软枣猕猴桃的生长势很强，枝长叶大，极易抽生副梢，形成徒长枝，因此必须进行修剪。猕猴桃的修剪分为冬季修剪和夏季修剪两个阶段。

1. 冬季修剪 软枣猕猴桃冬季修剪依据不同年龄时期的生长发育情况，植株营养生长和生殖生长的关系，使幼树及早成形，适期结果；使结果树生长旺盛，高度结实；使老树复壮，延长结果年限。冬季修剪一般在落叶后 2 周至早春枝蔓伤流开始前二周进行，过迟修剪容易引起伤流，危害树休。冬季修剪关键是确定不同时期树体的留枝量，一年生枝的修剪长度等。主要考虑 3 个方面：单株留芽量、结果母枝修剪长度、枝蔓更新。

（1）**留芽量** 软枣猕猴桃单株留芽量，与品种、整枝形式、架面大小、植株强弱、管理水平有关。一般每平方米保留中、长枝4～5个；短枝如不过密，应尽量保留。单株留芽量也可用以下公式计算：

$$单株留芽量 = \frac{单株预定产量（千克）}{萌芽率（\%） \times 果枝率（\%） \times 每果枝果数 \times 平均果重（千克）}$$

公式中的萌芽率、果枝率、每果枝果数和平均果重经2～3年观察即可得到。

（2）**修剪长度** 修剪长度主要指结果母枝而言，一般情况，强旺的结果母枝应轻剪多留芽，细弱的结果母枝应适当重剪少留芽。

在幼树阶段，由于枝梢较少，结果母枝可适当长留；棚架整形的，架面较大，结果母枝也可长留。老年树由于树势较弱，结果母枝一般重短截。T形小棚架或棚篱架栽培的树，架面较小，结果母枝也可短剪。为了布满架面和扩大结果部位，要轻剪长留枝。为了防止结果部位前移，则应重剪。一年生发育枝的修剪强度，以短、中短截为主；除主蔓的延长蔓外，剪留长度以不超过80厘米为宜。根据不同类型结果枝，在结果部位以上进行不同程度剪截。对长、中、短果枝，一般在其结果部位以上留4～5芽短截。对徒长性结果枝，在其结果部位以上留5～6芽短截。如着生位置适当，全树结果母枝又较少时，也可留7～10芽短截。由于软枣猕猴桃结果枝的结果部位以下的芽仍具有较好的萌芽力和形成结果枝的能力，所以，对于较弱的结果枝可在其结果部位以下进行短截，以促进生长。

（3）**枝蔓更新**

①结果母枝更新。软枣猕猴桃结果部位容易上升或外移，需要及时更新。如果母枝基部有生长充实健壮的结果枝或发育枝，可将结果母枝回缩到健壮部位。若结果母枝生长过弱或其上分枝

过高，冬季修剪时，应将其从基部潜伏芽处剪掉，促使潜伏芽萌发，选择一个健壮的新梢作为明年的结果母枝。通常每年对全树 1/3 左右的结果母枝进行更新。对已结过果的枝条一般 2～3 年更新一次。

②多年生枝蔓更新。分局部更新和全株更新。局部更新就是把部分衰老的和结果能力下降的枝蔓剪掉，促使发出新的枝蔓，这种更新对产量影响不大。全株更新就是当全株失去结果能力时，将老蔓从基部一次剪掉，利用新发出的萌蘖枝，重新整形。疏除较大枝蔓时要注意剪锯口一定要尽量较短，不留枯死橛，促进较大伤口尽快愈合，否则伤口愈合不良并会引起树干腐烂。

冬季修剪时，还要剪除枯枝、病虫枝、细弱枝、无用的副梢及徒长枝等。当结果母枝不足时，也可利用副梢作为结果母枝。

2. 夏季修剪　软枣猕猴桃新梢生长相当旺盛，而且新梢上容易发出副梢，加上叶片较大，常常造成枝条过于茂密，夏季修剪有利于调节树体养分的分配，改善树冠内的通风透光条件，有利整个树体的生长和结果，因此，需要夏季修剪。夏季修剪主要在萌发期和新梢旺盛生长期进行。

（1）抹芽　抹除位置不当的或过密的不必要的芽，双生芽选留 1 个，一般在芽刚萌动时进行。新梢长到 30 厘米以上并能辨认花序时，要疏除过多的发育枝和细弱的结果枝，使每平方米保留 9～11 个新梢，使结果新梢达 40% 左右。

（2）摘心　在开花前后对生长旺盛的结果枝进行摘心。对生长旺盛的发育枝也要摘心，促进枝条充实、健旺。生长旺盛的结果枝从花序以上 6～7 节处摘心；生长较弱的结果枝一般不进行摘心。发育枝从 10～12 节处摘心。摘心后在新梢的顶端只留 1 个副梢，其余的全部抹除，对保留的副梢，每次留 2～3 片叶反复摘心。

（3）疏枝　当新梢长到 20 厘米以上，能够辨认花序时进行，疏除过多的发育枝、细弱的结果枝以及病虫枝。

（4）**扭梢**　在新梢生长相对直立强旺，生长空间较大不宜疏除的情况下，可对新梢进行扭梢处理，经扭梢处理即可将新梢引缚于理想位置，又可以抑制其营养生长，促进花芽分化。

（5）**疏果**　根据树上当年挂果多少，决定疏果或不疏果。如果挂果多，果实小，品质差，就需要疏去小果、畸形果、过密果。

（6）**绑蔓**　将结果母枝和结果枝均匀地绑缚在架面上。

三、园地管理

（一）土壤管理

软枣猕猴桃为野生果树，人工栽培软枣猕猴桃时，在很大程度上改变了软枣猕猴桃的原生境条件。要充分研究软枣猕猴桃的根系生长发育特点及其所需的土壤、环境条件，致力于软枣猕猴桃园的土、肥、水管理，以期达到稳产、高产的目的。

1. 深翻熟化、改良土壤　在建园初期应有计划的逐年进行深翻扩穴，直到全园深翻，诱导根部分布广而深，提高软枣猕猴桃的抗旱和适应不良环境的能力，增进树体营养积累，保证果实品质与产量。深翻一般要与施肥结合，特别是大量施入有机肥。深翻提倡在采果后进行。

2. 地表覆盖　在夏季高温干旱季节，利用园内杂草、落叶覆盖土壤，能有效地防止土壤中的水分蒸发，保持土壤湿度，降低土温，改善软枣猕猴桃的根际环境，同时有利于根系生长，减轻高温干旱的影响。对防止夏季软枣猕猴桃叶片焦枯、日灼落果等有重要作用。覆盖物的腐烂可以增加土壤肥力，防止杂草丛生。软枣猕猴桃园的覆盖主要以降温、保墒为目的，因此，覆盖一般要在夏季高温来临前完成。覆盖材料有很多，如秸秆、锯末、糠壳、绿肥、杂草等。要因地制宜，就地取材。可进行树盘覆盖、行带覆盖和全园覆盖。

没有进行覆盖的果园，要注意树盘管理，适时进行树盘培土、锄草、中耕。利用园内空间可以间作豆科作物和绿肥，防止杂草生长，充分利用空地和光能，增加收入，改良土壤。

（二）施肥

软枣猕猴桃是需肥较多的果树，合理施肥是软枣猕猴桃早果、丰产、稳产、优质与长寿的重要前提。

1. 基肥　一般在果实采收后施用基肥，基肥以农家肥为主，如腐熟人粪尿、堆肥、厩肥、饼肥、绿肥及杂草、枯枝落叶等。根据树体大小确定施肥量，成龄树每株施有机肥料 50 千克左右，在有机肥料中可混入过磷酸钙 2～3 千克或饼肥 3～4 千克。施肥方法可用沟施、穴施，施肥后灌水。管理较好的园地，软枣猕猴桃根系集中分布在 40～60 厘米的土层中。因此，施肥应施在须根集中分布层，做到送肥到口，诱根深入。这样不仅能够恢复树势，提高树体营养贮藏水平，而且也可保证花芽分化的顺利进行。这是软枣猕猴桃获得优质高产的关键。经试验研究及生产实践证明，土壤中磷素含量充分是软枣猕猴桃丰产、稳产、优质的重要条件之一。花芽分化及开花受精后幼果的初期发育均以细胞的旺盛分裂为其主要特征，而磷素是组成核酸的主要原料之一，所以，此时应施入充足的磷肥。

植物体内的磷是非常活跃的，而磷在土壤中大多数是以难溶性的矿质磷形态存在。最易被软枣猕猴桃根系所吸收的磷酸氢根（$H_2PO_4^-$）离子却很少。为了便于根系的吸收，提高土壤中速效磷的含量，磷肥必须与厩肥、堆肥、绿肥等有机肥混合后作为基肥深施，避免磷肥被土壤固定，将混合后的肥料施入根系的主要分布层。还应做到深施磷肥与排渍措施紧密结合，最好抢在新根大量萌发和生长前施入磷肥。

施用基肥也可在树冠边缘外围开环状沟或放射状条沟，将肥料施入沟中，或在树冠外缘两侧开沟施入，两侧隔年轮施。幼年软枣猕猴桃可以结合扩穴、扩槽施入基肥。成年软枣猕猴桃可以全园开沟深施或穴施，施肥后覆土，将沟填平。

2. 追肥 软枣猕猴桃在生长期中，要适时追肥，一般以施速效氮肥为主。幼树期配以速效磷肥、速效钾肥，促进幼树快速成形、上架。进入盛果期的成年树，每年要抓好以下几次追肥。

（1）催芽肥 萌芽前后，先在树体周围松土，然后将肥料撒施于松土上，再深翻入土中；也可以挖环状沟或条状沟施肥。主要追施氮肥，每株施尿素 0.1~0.2 千克。

（2）花期追肥 开花前 15~20 天，每株施复合肥 0.3 千克。花期可喷施叶面肥，用 0.2% 磷酸二氢钾加 0.2% 硼砂加 0.2% 尿素溶液喷施在叶子上。

（3）壮梢促果肥 在果实加速生长前 10 天左右，约在 6 月下旬至 7 月上旬，于幼果细胞分裂期至迅速膨大期追施钾肥和磷肥，每株施磷酸二氢钾约 0.1~0.2 千克，施后灌水。

（三）水分管理

1. 灌溉 软枣猕猴桃的根系分布较浅，干旱对软枣猕猴桃的生长和开花结果具有较大影响。我国东北地区春季雨量较少，容易出现旱情，对软枣猕猴桃前期生长极为不利。一年中如能根据气候变化和植株需水规律及时进行灌溉，可显著提高软枣猕猴桃产量和品质。

软枣猕猴桃在萌芽期、新梢迅速生长期和浆果迅速膨大期对水分的反应最为敏感。生长前期缺水，会造成萌芽不整齐、新梢和叶片短小、坐果率降低，对当年产量有严重影响。在浆果迅速膨大初期缺水，往往会对浆果的继续膨大产生不良影响，会造成严重的落果现象。在果实成熟期轻微缺水可促进浆果成熟和提高果实质量，但严重缺水则会延迟成熟，并使浆果质量降低。

灌水时期、次数和每次的灌水量常因栽培方式、土层厚度、土壤性质、气候条件等有所不同，应根据当地的具体情况灵活掌握。一般可参考下列几个主要的时期进行灌水：①化冻后至萌芽前灌 1 次水，这次灌水可促进植株萌芽整齐，有利于新梢早期的迅速生长；②开花前灌水 1～2 次，可促进新梢、叶片迅速生长及提高坐果率；③开花后至浆果着色以前，可根据降水量的多少和土壤状况灌水 2～4 次，这一时期内进行灌水有利于浆果膨大和提高花芽分化质量。

2. 排水　我国大部分地区 7～8 月正值雨季，雨多而集中，在山地的软枣猕猴桃园应做好水土保持工作并注意排水。平地软枣猕猴桃园更要安排好排水工作，以免因涝而使植株受害或因湿度过大造成病害大发生。

苗圃幼苗和幼树易徒长贪青，更应注意排水。

（四）杂草的防除

1. 杂草种类　调查结果表明，软枣猕猴桃田园杂草危害较重的有稗草、马齿苋、苋菜、藜、狗尾草等，其中，以稗草、马齿苋、苋菜、藜危害特别严重。

2. 杂草的常规防除　软枣猕猴桃园杂草的常规防除可结合园地的中耕同时进行，每年要进行 4～5 次，中耕深度 10 厘米左右，使土壤疏松透气性好，并且起到抗旱保水作用。除草是避免养分流失，从而使植株有足够的营养，健康生长的重要手段。

3. 化学除草　传统的人工除草费工费力，使用除草剂能有效提高生产效率，在充分掌握药性和药剂使用技术的前提下，可采用化学除草。

（1）用精禾草克除草　精禾草克为一种高度选择性新型旱田茎叶处理除草剂，能有效防除稗草、野燕麦、马唐、牛筋草、看麦娘、狗尾草、千金子、棒头草等一年生禾本科杂草。在禾本科杂草旺长期，最好在杂草 3～5 叶期施药，每亩可用 1.5% 精禾草克 70 毫升对水 30～40 千克，充分搅拌均匀后向杂草茎叶喷雾。防除多年生杂草时，可1次剂量分2次使用，能提高除草效果，2次用药的间隔时间为20～30天。

用药时注意：①杂草叶龄小、生长茂盛、水分条件好时适当减少药量，干旱条件下增加药量。土壤湿度较高时，有利于杂草对精禾草克的吸收和传导，长期干旱无雨及空气相对湿度低于65％时不宜施药。②一般在早晚施药，施药后应2小时内无雨，长期干旱，若近期有雨，待雨后田间土壤湿度改善后再施药。③精禾草克为芳氧基苯氧丙酸酯类除草剂，不宜与激素类、磺酰脲类、二苯醚类（如2甲4氯）及麦草畏、灭草松等除草剂混用。

（2）百草枯　英文通用名paraquat，又名克芜踪、对草快，剂型为20％水剂。百草枯是一种快速灭生性除草剂，具有触杀作用和一定的内吸作用。能迅速被植物绿色组织吸收，使其枯死。对非绿色组织没有作用。在土壤中迅速与土壤结合而钝化，对植物根部及多年生地下茎及宿根无效。适用于防除果园、桑园、胶园及林带的杂草，也可用于防除非耕地、田埂、路边的杂草。对于软枣猕猴桃园以及苗圃等，可采取定向喷雾防除杂草。在杂草出齐，处于生长旺盛期，每亩用20％水剂100～200毫升，对水25千克，均匀喷雾杂草茎叶，当杂草长到30厘米以上时，用药量要加倍。

用药时注意：

①百草枯为灭生性除草剂，在软枣猕猴桃生长期使用，切忌污染作物，以免产生药害。

②配药、喷药时要有防护措施，戴橡胶手套、口罩、穿工作服。如药液溅入眼睛或皮肤上，要马上进行冲洗。

第六章　病虫害防治

软枣猕猴桃栽培中常见的病害为褐斑病、灰霉病、黑斑病，虫害为灰匙同蝽、葡萄肖叶甲、大青叶蝉等，其中，危害较重的为褐斑病、灰匙同蝽及葡萄肖叶甲等；另外，霜害、农药飘移药害等对软枣猕猴桃园的危害频次也较高，必须加强软枣猕猴桃的树体保护。

一、主要侵染性病害及防治

（一）褐斑病

褐斑病又称叶枯病，系真菌性病害。是猕猴桃产区的重要叶部病害，在软枣猕猴桃园也有发生。

1. 症状　主要危害叶片，也可侵染枝蔓与果实。病斑主要始发于叶缘，初期呈水渍状污绿色小斑，后沿叶缘或向内扩展，形成不规则的褐色病斑。发生在叶面上的病斑较小，3～15毫米，近圆形至不规则形，斑透过叶背，黄棕褐色。多雨高湿条件下，病情扩展迅速，病斑由褐变黑，引起霉烂。正常气候条件下，病斑周围呈现深褐色，中部色浅，其上散生许多黑色点粒，病斑为放射状、三角状、多角状混合型，多个病斑相互融合，形成不规则形的大枯斑，叶片卷曲破裂，干枯易脱落。高温干燥气候下，被害叶片病斑正反面呈黄棕色，内卷或破裂，导致提早枯落。果面感染，则出现淡褐色小点，最后呈不规则褐斑，果皮干腐，果肉腐烂。后期枝干也受病害，导致落果及枝干枯死。

2. 病原　褐斑病病原为一种小球壳菌（*Mycosphaerella*

sp.），属子囊菌门真菌。子囊壳球形，褐色，顶端具孔口，大小为（135～170）微米×（125～130）微米。子囊倒葫芦形，端部粗大并渐向基部缩小，大小为（32～38）微米×（6.5～7.5）微米。子囊孢子长椭圆形，双胞，分隔处稍缢缩，在子囊中双列着生，淡绿色，（9.5～12.5）微米×（2.5～3.5）微米。无性态为 *Phyllosticta* sp. 称一种叶点霉，属半知菌类真菌。分生孢子器球形或柚子形，棕褐色，大小为（87～110）微米×（70～104）微米，顶端有孔口，初埋生，后突破叶表皮而外露。分生孢子无色，椭圆形，单胞，大小为（3.5～4.0）微米×（2.0～2.5）微米。

3. 传播途径和发病条件　病菌以分生孢子器、菌丝体和子囊壳等在寄主落叶上越冬，翌年春季嫩梢抽发期，产生分生孢子和子囊孢子，借风雨飞溅到嫩叶上进行初侵染和多次再侵染。在北方 7～8 月正值雨季，气温 20～24℃ 发病迅速；8～9 月气温 25～28℃，病叶大量枯卷，感病品种落叶满地。

4. 发生规律　湿度大，氮肥偏多，叶片幼嫩时发病严重。病原物在病组织或病残体上越冬，分生孢子萌发后从气孔侵入，借风雨、昆虫传播，再侵染多。吉林省一般 6～7 月开始发生，8 月为盛发期。

残体在地表上越冬。翌年春季气温回升，萌芽展叶后，在降雨条件下，病菌借雨水飞溅或冲散到嫩叶上进行潜伏侵染。侵入后新产生的病斑，继续反复侵染蔓延。6～7 月多雨，气温 20～24℃，有利于病菌的侵染，7 月中旬后开始发病。8 月高温高湿（25℃ 以上，相对湿度 75% 以上）进入发病高峰期。

5. **防治方法**

（1）冬季彻底清园，将修剪下的枝蔓和落叶打扫干净，集中烧毁或深埋，减少病原菌。此项工作完成后，将果园表土翻埋 10～15 厘米，使土表病残叶片和散落的病菌埋于土中，不能侵染。

（2）清园结束后，用 5～6 波美度的石硫合剂喷雾植株，杀灭藤蔓上的病菌及螨类等细小害虫。

（3）发病初期选用70％代森锰锌可湿性粉剂1 500倍液、50％甲基硫菌灵或多菌灵1 500倍液喷雾树冠，隔10～15天1次，连喷3～4次，控制病害发生和扩展。5～6月，喷1：1：100等量式波尔多液，减轻叶片的受害程度。常用的内吸性杀菌剂还有10％苯醚甲环唑水分散颗粒剂1 500～2 000倍液。

（4）加强栽培管理，注意整形修剪，使得植株通风透光；施足基肥，多施磷钾肥，适量施入硼肥，避免偏施氮肥。

（二）灰霉病

软枣猕猴桃灰霉病系真菌性病害，是贮藏期烂果的首要病害，在猕猴桃主产国家均有发生，寄主范围广。现发现在软枣猕猴桃植株上也有发生。

1. 症状 灰霉病主要危害叶片、花和果实。主要发生在花期、幼果期和贮藏期。叶片边缘或叶尖感染后，出现褐色坏死，略具轮纹状，潮湿时上面着生大量灰色霉层。花受病害侵染后，初呈水渍状，后逐渐变褐，表面形成大量霉层腐烂脱落。幼果发病时，首先在残存的雄蕊和花瓣上密生灰色孢子，接着幼果茸毛变褐，果皮受侵染，严重时可造成落果。带菌的雄蕊、花瓣附着于叶片上，并以此为中心，形成轮纹状病斑、病斑扩大；叶片脱落。如遇雨水，该病发生较重。果实受害后，表面形成灰褐色菌丝和孢子，后形成黑色菌核。但由于早期果实相对抗病，故一般田间腐烂现象不常见，而在田间已经感染的果实，在贮藏期间会很快发病，出现灰色霉层。

2. 病原 病原物为富克尔核盘菌（*Sclerotinia fuckeliana*），属子囊菌，柔膜菌目。无性态为灰葡萄孢（*Botrytis cinerea*），属半知菌，丝孢目，葡萄孢属。分生孢子梗单生或丛生，直立，有隔膜，顶端多为6～7个分枝，梗顶端膨大成球形，上生小梗，小梗上着生分生孢子。分生孢子无色或灰色，单胞，椭圆或卵圆形。梗和聚集在梗上的分生孢子似葡萄穗，在病部呈灰色霉状物，故把这类病原引起的病害称为"灰霉病"。病菌生长最适温度为18～23℃。

3. 发生规律　病菌以菌核和分生孢子在果、叶、花等病残组织、土壤中越冬。病菌一般能存活4～5个月，翌年初花至末花期，遇降雨或高湿条件，通过气流和雨水溅射进行传播。病菌侵染花器引起花腐，带菌花瓣落在叶片上引起叶斑，残留在幼果梗的带菌花瓣从果梗伤口处侵入果肉，引起果实腐烂。灰霉病在低温时发生较多，病菌在空气湿度大的条件下易形成孢子，随风雨传播，持续高湿、阳光不足、通风不良时易发病，湿气滞留时间长则发病重。

4. **防治方法**

（1）**农业防治**

①选择坡地栽培，注意果园排水，避免密植，保持良好的通风透光条件是预防病害的关键。秋冬季节注意清除园内及周围各类植物残体、农作物秸秆，尽量避免用木桩做架。加强肥水管理，提高植株抗病性。

②生长期要防止枝梢徒长，对过旺的枝蔓进行夏剪，增加通风透光，降低园内湿度，减轻病害的发生。

③采果时应避免和减少果实受伤，避免阴雨天和露水未干时采果。

④贮存前要仔细剔除病果，必要时采用药剂处理，防止二次侵染。

⑤贮存后，应适当延长预冷时间，降低果实湿度后，再进行包装贮藏。

（2）**化学防治**

①花前喷40％嘧霉胺悬浮剂800倍液或50％嘧菌环胺悬浮剂1 000倍液。

②盛花末期使用50％多菌灵可湿性粉剂800倍液、70％代森锰锌可湿性粉剂700倍液或50％异菌脲可湿性粉剂800倍液，

每隔 10 天喷 1 次，连喷 2～3 次，注意轮换用药。

③贮存期可以采用硫酸氢钠缓慢释放二氧化硫气体，达到防病保鲜的目的。

（三）黑斑病

黑斑病又称霉斑病，黑疤病。在猕猴桃上发生普遍，在软枣猕猴桃上时有发生。

1. 症状　主要危害叶片、果实和枝蔓，叶片受害初在叶背生灰色绒状小霉斑，即病原菌的子座。随着病斑逐渐扩大，病斑呈暗灰色或黑色霉斑。叶片正面出现褐色小圆点，大小约 1 毫米，四周有绿色晕圈，后扩展至 5～9 毫米，轮纹不明显，一片叶子上有数个或数十个病斑，融合成大病斑呈枯焦状。严重时叶片变黄早落，影响产量。果实初受危害时果面出现褐色小点，随果实生长发育，病斑逐渐扩展，颜色转为黑色或黑褐色，受害处组织变硬、下陷、失水形成圆锥状硬块，后熟期间病部果肉变软发酸，不能食用，严重者整个果实腐烂。

2. 病原　果实黑斑病有性阶段为子囊菌球腔菌属（*Leptosphaeria* sp.），无性阶段为半知菌假尾孢属（*Pseudocercospora actinidiae* Deighton）。子座生在叶面，近球形，浅褐色，直径 20～60 微米。分生孢子梗紧密簇生在子座上，多分枝，长 700 微米，宽 4～6.5 微米。分生孢子圆柱形，浅青黄色，直或弯，具 3～9 个隔膜，大小为（20～102）微米×（5～8）微米。

3. 发生规律　病菌以菌丝体和分生孢子器在病枝、落叶和土壤中越冬，翌年在猕猴桃花期前后产生孢子囊，释放出分生孢子，随风雨传播，进入雨季病情扩展较快。

4. 防治方法

（1）农业防治

①冬季清园，结合修剪，彻底清除枯枝落叶，剪除病枝，消灭引起侵染性病害的病原。

②加强管理，施足基肥，增施钾肥，避免偏施氮肥，增强树势，提高抗病力。

（2）化学防治

①春季萌芽前喷施 3 次 5 波美度的石硫合剂。

②谢花期用 70％甲基硫菌灵可湿性粉剂 1 000 倍液对整株树进行全面的喷施药剂，之后每隔 15～20 天喷施 1 次杀真菌制剂，但重点喷施的是叶背和果面，连续喷施 3 次左右，药剂可以选择 70％代森锰锌可湿性粉剂 600 倍液或 50％超微多菌灵可湿性粉剂 600 倍液，药剂要交替使用，防止产生抗药性。

③发病初期可以喷施 50％醚菌酯 600 倍液、50％异菌脲 1 000 倍液或 50％氯溴异氰尿酸水溶性粉剂（商品名：杀菌王）1 000 倍液防治。

二、主要非侵染性病害及防治

（一）日灼

软枣猕猴桃果实及叶片日灼是一种常见的生理病害，每年都会给生产造成一定的损失。随着全球气候变暖，这种病害有逐年加重的趋势。

1. 症状 软枣猕猴桃日灼主要危害果实和叶片。一般日灼部位常显现疱疹状、枯斑下陷、病斑硬化或叶片表面出现枯斑。

2. 发生原因 软枣猕猴桃日灼病发生的直接原因主要归结为热伤害和紫外线辐射伤害。其中，热伤害是指果实及叶片表面高温引起的日灼，与光照无关；而紫外线辐射伤害是由紫外线引起的日灼，一般会导致细胞溃解。日灼病的发生与温度、光照、相对湿度、风速、品种、果实发育期及树势等许多因素有关，温度和光照是主要影响因子。

（1）温度 气温是影响软枣猕猴桃果实日灼的重要因素。在阳光充足的高温夏日，软枣猕猴桃果实表面温度可达到 40～

50℃，远远高出当日最高气温。引起日灼的临界气温为 30～32℃，而且随着环境温度的升高，发生日灼的时间缩短，日灼的危害程度随之增加。

（2）**光照**　光照强度和紫外线都是影响软枣猕猴桃日灼的重要因素。在自然条件下，接受到光照的器官将一部分光能转化为热能，从而提高了表面温度，加上高温对器官的增温作用，共同致使果面及叶片达到日灼临界温度，从而诱导日灼的发生。

3. 发生规律　6～9 月都有发生，7～8 月为日灼的发生高峰期。日灼发生的高峰期总是与一年中气温最高的时段相吻合。在气温较高的前提下，如果遇上晴天就极易导致日灼的发生，而气温较低的晴天，日灼的发生率低。

另外，在相对湿度越低的情况下，日灼的发生率越高；风速可以通过调节蒸腾改变温度，微风可以降低果实及叶片表面温度从而降低日灼的发生率；不同的品种对日灼的敏感性有所不同；在同一果园内树势强者日灼的发生率低，树势弱者发病重。

4. 防治技术　加强栽培管理，增强树势，合理调节叶果比。施肥时应注意防止过量施用氮肥。多施用有机肥，提高土壤保水保肥能力，促进植株根系向纵深发展，提高植株抗旱性。在修剪时应注意适当多留枝叶，以尽量避免果实直接暴露在直射阳光下。同时，根据合理的枝果比、叶果比及时疏花疏果。在高温天气来临前，通过冷凉喷灌能使果实表面温度下降，可以有效避免日灼发生。可采用果实套袋的方式降低日照强度以及果实表面温度，从而降低果实日灼率。

（二）霜冻

大面积人工栽培的软枣猕猴桃因园地选择、栽培技术或气候条件等因素导致的霜冻伤害对产量影响很大。

1. 症状　东北软枣猕猴桃产区每年都发生不同程度的霜冻危害。轻者枝梢受冻，重者可造成全株死亡。受害叶片初期出现不规则的小斑点，随后斑点相连，发展成斑驳不均的大斑块，叶片褪色，叶缘干枯。发病后期幼嫩的新梢严重失水萎蔫，组织干枯坏死，叶片干枯脱落，树势衰弱。

2. 发病原因 首先是气温的影响。春季软枣猕猴桃萌芽后，若夜间气温急剧下降，水气凝结成霜使植株幼嫩部分受冻。霜冻与地形也有一定的关系，由于冷空气比重较大，故低洼地常比平地降温幅度大，持续时间也更长，有的软枣猕猴桃园因选在霜道上，或是选在冷空气容易凝聚的沟底谷地，则很容易受到晚霜的危害。

3. 发病规律 3～5月为该病的发病高峰期。在东北山区每年5月都有一场晚霜，此间低洼地栽培的软枣猕猴桃易受冻害。不同的软枣猕猴桃品种，其耐寒能力有所不同，萌芽越早的品种受晚霜危害越重，减产幅度也越大。树势强弱与冻害也有一定关系，弱树受冻比健壮树严重；枝条越成熟，木质化程度越高，含水量越少，细胞液浓度越高，积累淀粉也越多，耐寒能力越强。另外，管理措施不同，软枣猕猴桃的受害程度也不同，土壤湿度较大，实施喷灌的软枣猕猴桃园受害较轻，而未浇水的园区一般受害严重。

4. **防治技术**

（1）**科学建园** 选择北向缓坡地或平地建园，要避开霜道和沟谷，以避免和减轻晚霜危害。

（2）**地面覆盖** 利用玉米秸秆等覆盖软枣猕猴桃根部，阻止土壤升温，推迟软枣猕猴桃展叶和开花时期，避免晚霜危害。

（3）**烟熏保温** 在软枣猕猴桃萌芽后，要注意收听当地的气象预报，在有可能出现晚霜的夜晚当气温下降到1℃时，点燃堆积的潮湿的树枝、树叶、木屑、蒿草，上面覆盖一层土以延长燃烧时间。放烟堆要在果园四周和作业道上，要根据风向在上风口多设放烟堆，以便烟气迅速布满果园。

（4）**喷灌保温** 根据天气预报可采用地面大量灌水、植株冠层喷灌保温。

（5）**喷施药肥**　生长季节合理施氮肥，促进枝条生长，保证树体生长健壮，后期适量施用磷钾肥，促使枝条及早结束生长，有利于组织充实，延长营养物质积累时间，从而能更好地进行抗寒锻炼。喷施防冻剂和磷钾肥，可预防 2～5℃低温 5～7 天。

（三）药害

1. 发生原因　软枣猕猴桃药害主要由于除草剂漂移引起，目前引起软枣猕猴桃发生药害的主要为 2,4-滴丁酯等农田除草剂。植株症状明显，如枯萎、卷叶、落花、落果、失绿、生长缓慢等，生育期推迟，重症植株死亡。2,4-滴丁酯是目前玉米等禾本科农作物广为使用的除草剂。2,4-滴丁酯（英文通用名为 2,4-D butylate）为苯氧乙酸类激素型选择性除草剂，具有较强的挥发性，药剂雾滴可在空中飘移很远，使敏感植物受害。根据实地调查发现，在静风条件下，2,4-滴丁酯产生的飘移可使 200 米以内的敏感作物产生不同程度的药害；在有风的条件下，它还能够越过像大堤之类的建筑，其药液飘移距离可达 1 000 米以上。

2. 预防对策及补救措施

（1）**搞好区域种植规划**　在种植作物时要统一规划，合理布局。软枣猕猴桃要集中连片种植，最好远离玉米等作物。在临近软枣猕猴桃园 2 000 米以内严禁用具有飘移药害除草剂进行化学除草，在安全距离之内也要在无风低温时使用。

（2）**施药方法要正确**　玉米田使用除草剂要选择无风或微风天气，用背负式手动喷雾器高容量均匀喷洒，施药时应尽量压低喷头，或喷头上加保护罩做定向喷洒，一般每亩用水 40～50 千克。

（3）**及时排毒**　注意邻近田间除草剂使用动向，飘移性除草剂使用量过大时要尽早采取排毒措施，方法是在第一时间用水淋洗植株，减少附着在植株上的药物。

（4）使用叶面肥及植物生长调节剂　一旦发现软枣猕猴桃发生轻度药害，应及时有针对性地喷洒叶面肥及植物生长调节剂。植物生长调节剂对农作物的生长发育有很好的刺激作用，同时，还可利用锌、铁、钼等微肥及叶面肥促进作物生长，有效减轻药害。一般情况下，药害出现后，可喷施1％～2％尿素、0.3％磷酸二氢钾等速效肥料，促进软枣猕猴桃生长，提高抗药能力。常用植物生长调节剂主要有赤霉素、天丰素等，药害严重时可喷施10～40毫克/千克的赤霉素或1毫克/千克的天丰素，连喷2～3次，并及时追肥浇水，可有效加速受害作物恢复生长。

（四）缺素症

1. 缺氮

（1）症状　软枣猕猴桃氮素缺乏症首先在老叶上表现，进而扩展到上部幼嫩叶上。叶片颜色从深绿色变为浅绿色，当缺氮严重时叶片完全变黄，然而叶脉仍保持明显的绿色，尤其是老叶。老叶顶端边缘呈焦枯状，并沿叶脉向基部扩展，坏死组织部分微向上卷曲呈烧焦状，有时也伴随出现果实变小现象。

（2）防治措施　合理使用氮肥，当出现缺氮症状时采用0.2％～0.3％的尿素或0.1％～0.3％硝酸铵溶液喷施叶面缓解缺氮，效果最好，每隔7～10天喷1次，直至症状消失。

2. 缺磷

（1）症状　软枣猕猴桃磷素缺乏症首先从老叶开始出现淡绿色的脉间褪绿，从顶端向叶柄基部扩展；老叶背面的中脉以及大部分叶脉变红，并向基部逐渐变深，而健康叶片下面的中脉和主脉保持淡绿色。叶片正面逐渐呈紫红色。

（2）防治措施　秋季果实收获后施基肥，用磷酸二铵与腐熟有机肥混合作基肥，夏季追肥时再追施1次磷肥，全年磷肥用量为每亩施用75千克。也可在生长期叶面喷施0.2％～0.3％磷酸二氢钾溶液，或用1％～3％过磷酸钙结合喷药作根外追肥。

3. 缺钾

（1）症状　软枣猕猴桃缺钾后植株生长势较弱，叶片变小，颜色变为青白色，老叶叶缘轻度失绿，向上卷曲，呈萎蔫状，尤其在白天高温时更为明显，这种症状经过夜晚到次日可能消失而出现非常类似缺水的症状，如果不及时补充钾肥，以后罹病叶片变成永久性向上卷曲，细叶脉间组织通常表现凸起；最初叶缘褪为淡绿色，逐渐向脉间和侧脉扩展，只剩下靠近主叶脉的组织和叶片的基部为绿色。但是与其他元素如镁、锰的缺乏症不同，缺钾的失绿组织与绿色组织的界线非常模糊不清，呈扩散状。褪绿组织很快变枯，由淡绿色变成深褐色，最后呈日灼状焦枯，叶片呈撕碎状，易脱落。严重的缺钾会引起植株过早落叶，缺钾症状严重的会影响果实的数量和重量。

（2）防治措施　一般用3种钾肥，即氯化钾（含钾50％）、硫酸钾（含钾40％）和硝酸钾（含钾37％）。由于软枣猕猴桃的生长需要高量的氯，因此氯化钾是一种理想的软枣猕猴桃钾肥。软枣猕猴桃在缺氯时，对施钾无施肥反应，矫治缺钾所需的施钾量将依缺钾难度、树龄、产量和土壤类型而异。早期可施用氯化钾补充，每亩用量15～20千克，或施用硝酸钾、硫酸钾其中一种。也可叶面喷施0.3％～0.5％硫酸钾、0.2％～0.3％磷酸二氢钾、10％草木灰浸出液等。

4. 缺钙

（1）症状　软枣猕猴桃严重的缺钙症状最先出现在老叶上，之后波及嫩叶。起初，叶基部叶脉颜色暗淡、坏死，逐渐形成坏死组织斑块，然后干枯、脱落，枝梢死亡。缺钙发生在生长点上时，小的叶片会死亡。

（2）防治措施　软枣猕猴桃园缺钙的现象很少发生。增施有机肥，改良土壤，早春注意浇水，雨季及时排水，适时适量施用氮肥，促进植株对钙的吸收。也可在生长季节叶面喷施0.3％～

0.5%硝酸钙溶液，15天左右1次，连喷2～3次。

5. **缺镁**

（1）**症状** 软枣猕猴桃缺镁一般在植株生长中期出现，先从植株基部的老叶发生，初期症状不明显，进入果实膨大期后逐渐加重，坐果量多的植株较重，但是缺镁引起的黄叶一般不早落。

（2）**防止措施** 增施优质有机肥，选择含镁量高的有机肥作为底肥；轻度缺镁园，可在6～7月叶面喷施1%～2%硫酸镁溶液2～3次；缺镁较重的园，可把硫酸镁混入有机肥中根施，每亩施硫酸镁1～1.5千克。

6. **缺硫**

（1）**症状** 软枣猕猴桃硫缺乏症与缺氮相似，生长缓慢，嫩叶呈浅绿色至黄色。不同的是缺硫多发生于幼叶上，老叶仍正常。初期幼叶边缘淡绿或黄色，并逐渐扩大，仅在主、侧脉相连处保持一块呈楔形的绿色部分，最后幼嫩叶全部失绿。与缺氮不同的是，缺硫严重时叶脉也失绿，但不焦枯。

（2）**防治措施** 缺硫一般不容易发生，因为大多数硫酸盐肥料中含有较多硫元素。缺硫时，可通过施硫酸铵、硫酸钾等肥料进行调整，每亩施入15～20千克即可，于生长季1次施入，或间隔1个月分2次施入。

7. **缺氯**

（1）**症状** 软枣猕猴桃缺氯症状开始于老叶顶端、主脉侧脉间，首先出现散生片状失绿，从叶缘向主、侧脉扩展，有时叶缘呈连续带状失绿，并常向下反卷呈杯状。幼叶变小但不焦枯，根系生长受阻，离根端2～3厘米处组织肿大，常被误认为是根结线虫囊肿。

（2）**防治措施** 可在盛果期果园中施入氯化钾，每亩施入10～15千克，分2次施入，间隔20～30天。

8. **缺铁**

（1）**症状** 软枣猕猴桃缺铁症首先发生在刚抽出的嫩梢叶片

上，脉间失绿，逐渐变成浅黄色和黄白色。受害轻时褪绿出现在叶缘，在叶基部近叶柄处有大片绿色组织。严重时，整个叶片、新梢和老叶的叶缘失绿，叶片产生不规则的褐色坏死斑，叶片变薄，容易脱落，花穗变成浅黄色，坐果率降低。铁在植株体内的作用是提高多种酶的活性，铁不足时，将妨碍叶绿素的形成，因而形成缺铁性褪绿。

（2）防治措施

①缺铁已发生在碱性土壤中，因此，对 pH 过高的果园，矫治时可施硫酸亚铁、硫黄粉、硫酸铝或硫酸铵，以降低土壤酸碱度，提高有效性铁的浓度或者通过提高土壤酸性，使原来固定的铁释放出来。

②叶面施肥。叶片刚出现褪绿时，喷施 $0.1\%\sim0.3\%$ 硫酸亚铁＋0.15% 柠檬酸，每隔 $10\sim15$ 天喷施 1 次，共喷施 $2\sim3$ 次。

③对雨后出现缺铁症状的园，可叶面喷施 0.5% 硫酸亚铁溶液或 0.5% 尿素＋0.3% 硫酸亚铁，每隔 $7\sim10$ 天喷 1 次，连喷 $2\sim3$ 次。

9. 缺硼

（1）症状 软枣猕猴桃缺硼的最先症状是在幼嫩叶的主脉附近出现一些不规则小黄斑。在叶脉两边这些斑点逐渐扩大和相互结合形成一个大的黄色区域。叶片叶缘处仍然保持绿色。有时也会使未成熟的幼叶加厚，发生畸形扭曲，细脉间组织时常凸起。缺硼严重时，茎节间伸长生长受阻，植株矮化。

（2）防治措施 大都土壤缺硼的现象一般很少发生，轻沙壤土与有机质含量低的土壤，一般也易出现缺硼症，这类土壤以硼肥作基肥效果更佳。用 $0.1\%\sim0.2\%$ 硼砂或硼酸水溶液叶面喷施效果较好。由于猕猴桃对硼特别敏感，故施硼或喷硼时应特别小心，喷施浓度一般不要超过 0.3%，以免造成硼毒害。

10. 缺锌

（1）症状 软枣猕猴桃叶片的缺锌通常在生长中期才出现。

缺锌首先发生在老叶上，老叶叶脉仍保持深绿色，而叶面变为黄色，失绿部分与健康部分形成明显对比，但不产生坏死斑。叶片表面逐渐呈红色，叶缘更为明显。其次会在嫩叶上发生，嫩叶缺锌时会导致小叶症病的发生。缺锌严重时能影响植株的侧根发育。

（2）防治措施 结合施基肥，每株结果树施硫酸锌0.5千克，也可于盛花后2～3周用0.3%硫酸锌与0.3%～0.5%尿素混合喷施叶面，每7～10天喷1次，共喷2～3次。另外，如果土壤中的磷素过多，或施磷肥过早，也会影响软枣猕猴桃对锌的吸收，出现缺锌症状。

11. 缺锰

（1）症状 软枣猕猴桃缺锰症状一般从新叶开始，出现淡绿色至黄色的脉间褪绿；成熟叶失绿先从叶缘开始，侧脉或主脉附近失绿，小叶脉间组织向上隆起，叶缘蜡色有光泽。缺锰严重时所有叶片都失绿。

（2）防治措施 缺锰果园可在土壤中施入氧化锰、氯化锰、硫酸锰等，最好结合有机肥分期施入，一般每亩施用氧化锰0.5千克，氯化锰或硫酸锰3千克，也可叶面喷施0.1%～0.2%硫酸锰，每隔5～7天喷1次，共喷2～3次，喷施时可加入半量或等量的石灰，以免发生肥害。也可结合喷施波尔多液或石硫合剂等一同进行。对由于土壤pH过高引起的缺锰症，可施硫黄粉、硫酸钙和硫酸铵等化合物，以降低土壤酸碱度，提高锰的有效性。

12. 缺铜

（1）症状 软枣猕猴桃缺铜时开始表现为幼叶及未成熟叶失绿，随后发展为漂白色，结果枝生长点死亡，落叶。严重缺铜时，生长点死亡变黑，叶早落，萌芽率低。

（2）防治措施 萌芽前土施硫酸铜，也可结合防病叶面喷施波尔多液（但应避免叶面喷施硫酸铜，因猕猴桃对铜盐特别敏感，尤其是早期）。每亩施入1.7千克硫酸铜则可防治缺铜症的发生。为使猕猴桃生长健壮、正常结果，应在挂果后，每年的春季、秋季都应沟施基肥。沟深 30～40 厘米。每亩施入厩肥或堆肥、猪粪等农家肥 3 000～4 000 千克、草木灰 100～150 千克、硫酸铵 20～30 千克、过磷酸钙 20～25 千克、硫酸钾 15～20 千克，或者每株施入农家肥 50 千克，混入磷、钾肥各 1.5 千克。5～7 月，可追施尿素 2～3 次，或叶面喷布 0.3%～0.5%尿素溶液 2～3 次，以促进果实发育。肥料配施的比例以氮、磷、钾分别为 10∶8∶10 或 10∶6∶8 为宜。

13. 缺钼

（1）症状　软枣猕猴桃缺钼可引起树体矮化，果实变小，果味变苦，叶表面缺乏光泽、变脆，初期散生点状黄斑，逐渐发展成外围有黄色圈的褪色斑，可穿孔。

（2）防治措施　缺钼情况在猕猴桃园中一般很少见到，尽管如此仍应注意，因为钼的缺乏容易导致树体硝酸盐的异常积累。在缺钼时可叶面喷施 0.1%～0.3%钼酸钾，效果较好。

三、软枣猕猴桃的主要虫害及防治

（一）灰匙同蝽

半翅目，同蝽科。别名桦慈蝽。常危害桦树，喜群集花序处，有时数量极大，可造成灾害。分布黑龙江、湖北（神农架）、新疆（哈巴河）、山西、河南；广布于欧洲各国。

1. 危害症状　灰匙同蝽具有刺吸式口器，汲取软枣猕猴桃果实、嫩叶与嫩枝的汁液。叶片受害后出现失绿黄斑，幼果受害后局部细胞组织停止生长，形成干枯疤痕斑点，造成果实发育不正常，果实畸形。果肉被害处后期木栓化，变硬，导致品质下降不耐贮藏，果实受害严重时提前脱落。

2. 形态特征　成虫体长 6.5～8.5 毫米，前胸背板宽 3.7～4.5 毫米。椭圆形，灰棕或浅红棕色，具明显粗黑刻点。头顶具黑色粗密刻点。触角黄褐色，第五节端部棕黑色。复眼棕红，单眼红色。喙淡褐色。末端棕黑，伸达中、后足基节之间。前胸背板近梯形，其后部中央明显隆起，前角无显著横齿，侧缘几斜直，侧角钝圆，稍突出，棕红色。小盾片三角形，基角黄褐色，略光滑，中区有一宽弧形斑纹，此斑向基部颜色渐淡，界限不清，向端部界限较明显，端角淡黄色。前翅稍超过腹端，革片基部色淡，有较细密的刻点，端缘浅棕色。前翅膜片色淡、半透明。中胸隆脊显著片状，其前端钝圆，下缘几平直，后端不达中足基节之间。侧缘具黑色和白色相间的狭边。臭腺孔缘匙形。腹部背面棕色，末端通常棕红色。侧接缘各节具黑色横带，各节后角呈小齿状，黑色。腹部腹面几无刻点或仅有细小的浅色斑点，腹侧有斜刻纹。气门黑色。雄虫生殖节后缘中央有一束长缘毛，其背侧角各有一亚三角形绒毛区。

3. 发生规律 吉林地区一年发生1～2代，以成虫聚集在树皮缝隙等温暖处越冬。在春天时进行交配。较小的雄虫先死亡，而雌虫经常是附在卵和幼虫上面进行保护，一段时间后才死亡。主要危害软枣猕猴桃的果实和叶片。开始发现第一代成虫基本在8月。

4. 防治方法

（1）农业防治 冬季结合积肥清除枯枝、落叶，铲除杂草，及时堆沤或焚烧，可消灭部分越冬成虫，春、夏季节特别要注意除去园内或四周的寄主植物，以减少转移危害。

（2）人工捕杀 可利用椿象的生活习性采取相应措施予以杀灭。如利用其假死性，于出蛰上树初期摇落或在早晨逐株、逐片打落杀死。越冬前在越冬场所附近大量群集的可集中捕杀，或在树干上束草，诱集前来越冬的害虫，然后烧杀。也可人工抹杀叶背卵块。

（3）药剂防治 一是利用趋避剂。5月底以后可在果园悬挂驱避剂驱蝽王，每亩可悬挂40～60支，驱赶椿象。二是喷药杀虫。在若虫盛发期用 2.5％乳油或 4.5％高效氯氟氰菊酯水乳剂（商品名：氟虎）2 500 倍液，或 10％氯氰菊酯乳油 1 500 倍液均匀喷雾。

（二）葡萄肖叶甲

葡萄肖叶甲属于鞘翅目（Coleoptera）肖叶甲科（Eumolpidae）葡萄肖叶甲属（*Bromius*）的昆虫，分布范围较为广泛，在国内主要分布在黑龙江、新疆、甘肃、河北、山西、江苏、湖南、四川、贵州及西藏，国外主要分布在日本、朝鲜、俄罗斯、欧洲及北美洲。主要寄主为葡萄，近年来在软枣猕猴桃上危害也较严重。

1. 危害症状 葡萄肖叶甲主要以幼虫和成虫危害葡萄。成虫主要群集在叶背面取食寄主叶片，被其取食过的叶片有许多长条形孔斑，危害严重时可使叶片萎黄干枯，甚至造成植株枯死。幼虫生活于土中，只食害植物根部，取食毛细根和主根的表皮，导致根系减少和根系吸收功能下降，根系受损和叶片光合面积的减少造成植株衰弱，甚至引起植株死亡。

2. 形态特征 身体一般完全黑色，具色型变异，体背密被白色平卧毛。触角 1～4 节棕黄或棕红，有时第一节大部分黑褐色。头部刻点粗密，在头顶处密集呈皱纹状，中央有一条明显的纵沟纹；唇基两侧常各具一条向前斜伸的边框，端部较宽于基部，前缘弧形，表面布有大而深的刻点。触角丝状，近于体长之半；第一节膨大，椭圆形，第二节稍粗于第三节，两者约等长，短于第四和第五节，1～4 节较光亮，末端 5 节稍粗，色暗，毛被密。前胸柱形，宽稍大于长，两侧圆形，无侧边，背板后缘中部向后凸出；盘区密布大而深的刻点，呈皱纹状，被较密的白色卧毛。小盾片略呈长方形，刻点细密，被白毛。鞘翅基部明显宽于前胸，基部不明显隆起；盘区刻点细密，较前胸刻点浅，不规则排列，被较长的白色卧毛。前胸前侧片前缘稍凸。前胸腹板方形，横宽；中胸腹板宽短，方形，后缘平切。足粗壮，腿节无齿。体长：4.5～6毫米；体宽：2.6～3.5毫米。

3. 发生规律与生活习性 据初步观察，葡萄肖叶甲在吉林省一年1代，以成虫和不同龄幼虫在软枣猕猴桃根附近土中越冬。越冬成虫4月中旬出蛰，5月中旬软枣猕猴桃新梢长出4～6片叶时陆续出土危害。5月末雌虫开始陆续产卵，7月中旬至8月中旬产完卵的雌虫先后死亡。以幼虫越冬者6月末开始见成虫，此成虫经取食补充营养后开始产卵。待越冬的成虫取食后9月中下旬陆续入土。

成虫有假死习性，受惊后即假死落地。成虫不是很活泼，但有1米左右短距离的迅速飞翔迁移力。成虫出土或羽化后取食1～2周，补充营养，便开始产卵。产卵可延续2个月左右。一般每年每头成虫产卵20次左右，产卵量总计可达300～500粒，平均每次产卵19粒。

4. **综合防治**

（1）利用成虫的假死习性，在成虫发生期将虫振落杀死。此法用于幼苗上效果明显。

（2）6月上旬开始，根据危害情况喷施4.5%高效氯氟氰菊酯水乳剂（商品名：氟虎）2 500倍液或10%氯氰菊酯乳油1 500倍液进行防治。

（3）地面撒药：根据葡萄肖叶甲的越冬部位，在春季解除防寒灌水后可试用辛硫磷等触杀剂撒于畦面，及时松土，以消灭越冬成虫和幼虫。

（4）10月中旬至11月中旬，人工剥除老翘皮，清除虫卵。

（三）大青叶蝉

1. 危害症状 此虫在全国各地均有发生，以华北、东北危害较为严重。该虫属多食性害虫，可危害多种作物和果树。成虫和若虫以刺吸式口器为害植物的枝、梢、叶。在软枣猕猴桃幼树上发生尤为严重，可造成枝条、树干大量失水，生长衰弱，甚至枯萎。

2. 形态特征 大青叶蝉（*Cicadella viridis* Linnaeus）属同翅目、叶蝉科。成虫体长 7～10 毫米，体青绿色，头橙黄色。前胸背板深绿色，前缘黄绿色，前翅蓝绿色，后翅及腹背黑褐色。足 3 对，善跳跃，腹部两侧、腹面及足均为橙黄色。卵为长卵形，一端略尖，中部稍凹，长 1.6 毫米，初产时乳白色，以后变为淡黄色，常以 10 粒左右排在一起。若虫初期为黄白色，头大腹小，胸、腹背面看不见条纹，3 龄后为黄绿色，并出现翅芽。老龄若虫体长 6～7 毫米。胸腹呈黑褐色，形似成虫，但无发育完整的翅。

3. 发生规律 大青叶蝉以卵在枝条或树木表皮下越冬。第二年树木萌动时卵孵化，第一代成虫羽化期为 5 月上中旬，第二代为 6 月末至 7 月中旬，第三代 8 月中旬至 9 月中旬，10 月中下旬产卵越冬。成虫趋光性强，夏季气温较高的夜晚表现更显著，每晚可诱到数千头。非越冬代成虫产卵于寄主叶背主脉组织中，卵痕如月牙状。若虫孵化多在早晨进行，初孵若虫喜群居在寄主枝叶上，十多个或数十个群居于一片叶上危害，后再分散危害。早晚气温低时，成若虫常潜伏不动，午间气温高时较为活跃。

4. 防治技术

（1）冬季、早春清除果园内的残枝落叶，铲除杂草，减少越冬基数。

（2）合理施肥。以有机肥料或有机无机生物肥为主，不过量施用氮肥，以促使树干、当年生枝及时生长成熟，提高树体的抗虫能力。

（3）9 月下旬至 10 月上旬成虫产卵前树干和大枝基部涂刷含杀虫剂的生石灰水涂干、喷枝，阻止成虫产卵。另外，在成虫期利用灯光诱杀，可以大量消灭成虫。

（4）越冬代成虫迁飞到果园时，及时喷 70％吡虫啉 10 000 倍液，或 2.5％功夫乳油 3 000 倍液。

（5）发生严重的果园，可喷洒 2.5％氟氯氰菊酯（商品名：保得）乳油 2 000～3 000 倍液、10％吡虫啉（商品名：大功臣）可湿性粉剂 3 000～4 000 倍液、90％敌百虫晶体、50％辛硫磷乳油 1 000 倍液。

（四）叶螨

叶螨也叫红蜘蛛、火龙虫等，属蛛形纲蜱螨目。危害软枣猕猴桃的叶螨主要有山楂叶螨、苹果叶螨、二斑叶螨、朱砂叶螨、卵形短须螨等。

1. 危害症状 成螨、若螨均能危害。常附着在芽、嫩梢、花、蕾、叶背和幼果上，用其刺吸式口器汲取植物的汁液。被害部位呈现黄白色到灰白色失绿小斑点，危害严重时易造成叶片枯黄、早期脱落，常造成二次发芽开花，削弱树势，不仅当年果实不能成熟，还影响花芽形成和下一年的产量。成螨、若螨及幼螨均喜群集于叶背取食，有吐丝结网习性。

2. 形态特征 叶螨形体很小，红或褐色。

成螨：雌螨体长 0.4～0.6 毫米，一般为朱红到锈红色，体背两侧有块状或条状斑纹，足浅黄色。虫体卵圆形，体背刚毛细长。雄成螨体长 0.30～0.41 毫米，略呈菱形，体淡黄色至浅橙黄色。

3. 发生规律 螨类繁殖很快，一年可发生十几代。多以受精雌螨在树干、土壤缝里越冬。翌年日平均气温达 7℃以上时开始活动取食，在高温干旱年份和月份发生严重尤为严重。雌螨多产卵于叶背叶脉两侧或密集的细丝上，平均产卵约 14 天，一般每雌螨一生可产卵 50～150 粒。朱砂叶螨主要是两性生殖，但也能进行孤雌生殖，未受精卵孵化的幼螨均为雄性。气温在 30℃以上时，5 天左右即繁殖 1 代，世代重叠。

4. 防治方法

（1）结合冬季清园，清扫落叶落果，疏除病虫枝蔓并集中烧毁或深埋。

（2）注意利用天敌抑制叶螨的暴发，保护天敌如瓢虫、隐翅甲、草蛉等。利用局部用药保护天敌，减少农药的使用量，减轻虫害。

（3）化学防治：花前是进行药剂防治的最佳施药时期，在发现田间叶片背面有叶螨发生时就开始喷施药剂，可选用 0.3～0.5 波美度的石硫合剂、20％四螨嗪乳油（商品名：螨死净）2 000 倍液、10％联苯菊酯乳油 6 000～8 000 倍液；花后和夏季则可选择 5％噻螨酮（商品名：尼索朗）乳油 3 000 倍液、1.8％阿维菌素乳油＋柔水通 3 000～4 000 倍液（比例 1：1）。需要轮换使用药剂，可以防止叶螨产生抗药性。

（五）蚜虫

蚜虫发生种类较多，主要有莲溢管蚜、月季长管蚜、桃粉蚜等，危害范围也较广。软枣猕猴桃上危害的蚜虫种类尚未确定。

1. 危害症状　成蚜、若蚜刺吸叶片、叶柄和花茎等幼嫩组织的汁液，受害植株生长不良，叶片变黄以致萎缩，影响光合作用。

2. 生活习性　多为转主寄生，不仅危害软枣猕猴桃，还能危害葡萄、农作物等。全年发生多代，在吉林省 8 月天气闷热利于其发生繁殖。

3. 防治技术　发生期用 20％啶虫脒水溶剂 1 000 倍液、25％灭蚜威乳油 5 000 倍液或 10％吡虫啉可湿性粉剂 3 000 倍液喷雾防治。

第七章 软枣猕猴桃采收及加工技术

软枣猕猴桃果实嫩绿多汁，酸甜可口，清香鲜美，营养丰富，是深受消费者喜爱的水果。利用软枣猕猴桃生产果酒、果酱、果粉及罐头等加工品因其独特的品质，丰富的营养成分，亦深受消费者青睐。软枣猕猴桃果实适时采收对产品品质尤为重要。

一、不同加工产品对采收时期的要求

依据不同产品确定不同采收期，果汁类、果酱及果粉类进行组织破碎后加工的要求在果实九成熟以上时采收，罐头、果脯等要求组织完好的需要果实在七八成熟采收。尽量选择保持晴天2～3天后采收。

二、软枣猕猴桃果实制品加工方法

软枣猕猴桃制品按照加工方法不同可分为软枣猕猴桃果汁、果醋饮料、果酒、果酱、果脯、果肉果冻、冻干果粉、果丹皮、果糖和罐头。具体方法如下：

（一）软枣猕猴桃果汁饮料制备

果汁饮料里含有很多水，饮用后可补充身体因运动和进行生命活动所消耗掉的水分和一部分糖、矿物质，对维持体内的体液电解质平衡有一定作用。软枣猕猴桃果汁饮料是以软枣猕猴鲜果为主要原料，经破碎、榨汁、调配制成的饮品。

1. 仪器设备 破碎机、榨汁机、调配罐、超高温瞬时灭菌机、均质机、真空脱气机、胶体磨、灌装机、糖度计、酸度计。

2. 工艺流程

护色

↓

软枣猕猴桃鲜果→挑选→清洗→破碎→酶解→榨汁→调配→均质→脱气→灌装→灭菌→成品果汁

3. 工艺要点

（1）**原料选择** 选择成熟度好、新鲜完整、无病虫害侵染、无腐烂的软枣猕猴桃鲜果。

（2）**破碎** 原料清洗后，用破碎机破碎，使组织软化、果胶及其他物质溶出，便于酶解作用充分，同时加入质量浓度 250 毫克/千克的醋酸铜溶液护色。

（3）**酶解** 加酶量 0.08%，酶解温度 18℃，酶解时间 8 小时。

（4）**压榨** 榨汁机压榨后，将果汁和皮渣分离。

（5）**调配** 按如下比例调配：果汁 15%、白砂糖 12%、柠檬酸 0.1%、稳定剂 0.05%，使果汁饮料酸甜适口。

（6）**均质、脱气** 均质压力 15 兆帕，温度 35℃左右；均质后料液打入真空脱气机中，在真空度 0.098 兆帕条件下脱气。

（7）**灭菌、灌装** 果汁饮料在温度 115～135℃、时间 4～6 秒条件下灭菌，70～85℃温度条件下趁热灌装，灌装时保持液面距瓶口 2.5～3.0 厘米，饮料瓶可选用无菌的玻璃瓶或耐热优质塑料胶瓶，喷淋式冷却法快速冷却，以减少营养成分损失。

4. 产品质量标准指标

（1）**感官指标** 颜色呈浅黄绿色，果汁质地均一无沉淀；具有软枣猕猴桃鲜果特有的香气，口味清香宜人，后味绵长，典型性强。

（2）**理化指标**　总糖（以葡萄糖计克/升）≥60，总酸（以柠檬酸计克/升）8～10，Cu≤100 毫克/升，Pb≤1 毫克/升，As≤0.5 毫克/升。

（3）**卫生指标**　每 100 毫升果汁中细菌总数≤100 个、大肠菌群≤2 个，致病菌不得检出。

（二）软枣猕猴桃醋酸饮料制备

软枣猕猴桃富含糖分，是酿醋用的上等原料，与粮食醋相比，果醋的营养成分更为丰富，其富含醋酸、琥珀酸、苹果酸、柠檬酸、多种氨基酸、维生素及生物活性物质，且口感醇厚、风味浓郁、新鲜爽口、功效独特。以软枣猕猴桃鲜果为原料，经生物发酵酿制果醋，调配成醋酸饮料。

1. 仪器设备　生化培养箱、榨汁机、发酵罐、过滤机、配料罐、灌装机、高压灭菌锅、糖度计、pH 计、比重计、恒温水浴锅。

2. 工艺流程

软枣猕猴桃鲜果→挑选→清洗→破碎榨汁→酶解→糖度调整→酒精发酵→醋酸发酵→澄清过滤→调配→灭菌→灌装→成品果醋

3. 工艺要点

（1）**挑选清洗**　尽量选择成熟度好、柔软度适中、新鲜的果实，保证果实无病虫害、无腐烂，用流水清洗后沥干。

（2）**破碎榨汁**　清洗后的软枣猕猴桃果实用榨汁机榨汁后，按重量比 0.065% 添加果胶酶，温度 18～20℃，时间 6 小时。

（3）**酒精发酵**　将降胶后的软枣猕猴桃果汁糖度调整至 15%，加入 0.1%～0.2% 活化好的果酒酵母菌液，发酵温度 20～25℃，发酵至酒精度 5%～6%，约 60 小时后酒精发酵结束。

（4）醋酸菌的扩大培养 用饮用水将上述经酒精发酵的软枣猕猴桃原酒酒精度调制 4%，分装于 250 毫升三角瓶和 15 毫升试管中，每瓶装 50 毫升，每管装 5 毫升，0.05 兆帕灭菌 30 分钟，待发酵液温度降至 35℃ 时在无菌条件下接入醋酸菌，30℃ 下培养 24 小时，备用。

（5）醋酸发酵 将发酵旺盛的醋酸菌发酵培养液加入经酒精发酵的（酒精度 5%～6%）软枣猕猴桃发酵汁中，按 2% 接入，在 30℃ 温度下发酵，发酵过程中每天搅拌 2 次使氧气供应充分，便于发酵，经 15 天左右测得酸度不再升高时，醋酸发酵终止。

（6）陈酿 醋酸发酵终止后进行粗滤，除去大颗粒杂质，然后密封灌口陈酿放置 30 天左右，进行倒灌剔除底部沉淀物，密封放置备用。

（7）饮料调配 在调配罐中进行，基本按如下配比调配。

果醋原汁：5%；白砂糖：10%；柠檬酸：按产品总酸 0.65% 添加（随原料醋总酸调整）。

（8）杀菌、灌装、冷却 90℃ 杀菌 10 分钟，趁热灌装，冷却后即为成品。

4. **产品质量标准指标**

（1）感官指标 软枣猕猴桃果醋为禾秆黄色，果香浓郁，酸甜适口，口感柔和，风味独特，澄清透明，无悬浮物及沉淀。

（2）理化指标 每 100 毫升果醋中总酸（以醋酸计）≥0.35 克，酒精度≤0.2%（v/v），还原糖（以葡萄糖计）≤1.0 毫克/升，Cu≤100 毫克/升，Pb≤1 毫克/升，As≤0.5 毫克/升。

（3）卫生指标 每 100 毫升果醋中细菌总数≤100 个、每 100 毫升果醋中大肠菌群≤2 个，致病菌不得检出。

（三）软枣猕猴桃果原酒制备

果酒是利用新鲜水果为原料，在保存水果原有营养成分的情况下，利用自然发酵或人工添加酵母菌来分解糖分而制造出的具有保健、营养型酒。果酒里含有大量的多酚，可以起到抑制脂肪在人体中堆积的作用，含有人体所需多种氨基酸和维生素 B_1、维生素 B_2、维生素 C 及铁、钾、镁、锌等矿物元素，果酒以其独特的风味及色泽，成为新的消费时尚。软枣猕猴桃果酒是以软枣猕猴桃鲜果为主要原料经微生物发酵陈酿制成。

1. 仪器设备　组织捣碎机、榨汁机、硅藻土过滤器、折光仪、电子天平。

2. 工艺流程

$$\text{SO}_2 \qquad\qquad \text{果胶酶} \quad \text{果酒酵母}$$
$$\downarrow \qquad\qquad\qquad \downarrow \qquad\quad \downarrow$$

软枣猕猴桃成熟鲜果→挑选→破碎→称重→下胶→一次发酵→榨酒除渣→糖度调整→二次发酵→下胶澄清→陈酿→冷冻→过滤→原酒　　　　　　↖白砂糖　↖皂土

3. 工艺要点

（1）鲜果挑选　制酒的软枣猕猴桃鲜果采收前 2～3 天不经雨淋，并保证采收时果实充分成熟、多汁、含糖量高、皮薄，总酸、果胶和单宁含量均已降低。

（2）破碎称重　用破碎机或人工破碎，使汁液充分渗出，并测定此时汁液中含糖量（折光仪测定值）和果浆重量，此时果浆含糖量均在 15％以上，同时按 30 毫升/升加入亚硫酸。

（3）下胶　果胶添加量 0.1％～1.0％（酶活力为 1 330 国际单位/克），pH4.0～6.0，温度 20～25℃。

（4）一次发酵　果浆加入发酵罐，加入量不超过发酵罐容积的 70％，加入活化后的果酒酵母，搅拌均匀，发酵温度在 20℃左右，第 2～4 天处于发酵旺盛期，大量产生 CO_2，醪液翻腾，果皮、果渣等不溶性物质上浮，每天需搅拌 1～2 次，一方面降低发酵温度，另一方面防止发酵旺盛时醪液溢出；发酵至第七天一次发酵基本结束。

（5）**榨酒除渣**　用机械压榨或人工除渣法除去发酵醪液中的果渣，得到发酵汁液，按终止发酵酒精度 15%，添加白砂糖，充分溶化继续二次发酵，经 12～15 天发酵残糖不再降低，发酵终止，进入陈酿期。

（6）**下胶澄清**　按 5 克/升量使用皂土将发酵原酒下胶澄清，首先需用 70～80℃温水将皂土充分搅拌至匀浆状，温度降至 20℃以下时加入发酵原酒中，并充分搅拌均匀，待酒液澄清后做倒酒处理，除去罐底残渣。

（7）**陈酿**　经下胶澄清的原酒置于 15℃以下温度下密闭放置 60 天左右进行陈酿。

（8）**冷冻**　经陈酿的原酒最好经－10℃以下低温冷冻，以除去部分大分子颗粒物质，同时杀死残活的酵母菌种，使酒质柔和。

（9）**过滤**　采用硅藻土过滤器过滤，进一步除去残存的大颗粒果胶、淀粉等物质使发酵原酒更加澄清，提高酒质。

4. **产品质量标准指标**

（1）**感官指标**　软枣猕猴桃果酒酒体呈浅金黄色，澄清透明，有光泽，无悬浮物及沉淀，具有软枣猕猴桃果香和纯正酒香，清新爽口，醇味柔和，余味悠长。

（2）**理化指标**　酒精度（v/v，20℃，%）15.0±1，总糖（以葡萄糖计，克/升）≤4，总酸（以柠檬酸计，克/升）15.0±1，挥发酸（以醋酸计，克/升）≤0.3，干浸出物（克/升）≥45.0。

（3）**卫生指标**　每 100 毫升果酒中细菌总数≤100 个，每 100 毫升果酒中大肠菌群≤2 个，致病菌不得检出。

（四）软枣猕猴桃原味果酱制备

果酱细软、酸甜，营养丰富，食用果酱可补充钙、磷、钾、锌等，具有预防佝偻病、增加血色素、消除疲劳、增强记忆力等作用。软枣猕猴桃果酱是以软枣猕猴桃鲜果为原料，经破碎、调配煮制加工制成。

1. 仪器设备 分析（或电子）天平、组织捣碎匀浆机（或原汁机）、夹层锅、灭菌锅。

2. 工艺流程

软枣猕猴桃鲜果→挑选→清洗→破碎打浆→调配→浓缩→灌装→密封→杀菌→冷却→成品果酱

3. 工艺要点

（1）**原料选择** 选择无霉变、无虫害，充分成熟的软枣猕猴桃新鲜果实。

（2）**清洗打浆** 将优质鲜果清洗后，一种用组织捣碎匀浆机打浆，得到组织细腻果泥，用来加工带籽果酱；另外，可用原浆机打浆，可直接除去种粒，加工无籽果酱。

（3）**调配浓缩** 白砂糖用量为软枣猕猴桃破碎果浆重的40%～50%，酸味调整视果浆酸度适当添加柠檬酸，按经验添加量不超过0.06%；果浆与需加白砂糖的50%充分混匀后放入夹层锅中后常压下加热煮沸，待煮制10分钟后加入余下的50%白砂糖，并适量加入柠檬酸，使果酱酸甜适口，浓缩时需不断搅拌，以防粘锅和焦化，至可溶固形物含量达60%～65%（折光仪测定值）时即停止煮制。

（4）**灌装杀菌** 将煮制浓缩好的果酱装入事先已清洗干净并已灭菌的玻璃瓶中，灌装时保持液面距瓶口3厘米左右，密封后放入灭菌锅中，100℃温度下保持10分钟，采用分段或自然冷却至室温，即为成品果酱。

4. 产品质量标准指标

（1）**感官指标** 软枣猕猴桃果酱酱体呈黄绿色，有光泽，具有软枣猕猴桃特有的浓郁香味，酸甜适口，无苦涩味和异味，组织细腻，黏稠度适中，具有一定的流动性，无糖结晶析出，无杂质。

（2）**理化指标**　可溶性固形物（折光仪测定，%）：60～65，水分（%）≤30，总酸（以柠檬酸计，%）0.35～0.50，Cu≤100毫克/千克，Pb≤1毫克/千克，As≤0.5毫克/千克。

（3）**卫生指标**　每100毫克果酱中细菌总数≤100个，每100毫克果酱中大肠菌群≤2个，致病菌不得检出。

（五）软枣猕猴桃果脯制备

果脯，也称蜜饯，是以新鲜果蔬为原料，用糖或蜂蜜腌制后而加工成的食品。除了作为小吃或零食直接食用外，蜜饯也可以用于蛋糕、饼干等点心上作为点缀。果脯蜜饯中含糖量最高可达35%以上，而转化糖的含量可占总糖量的10%左右，易被人体吸收利用，还含有果酸、矿物质和维生素C；果脯具有增进食欲、强身健体、滋阴补虚等功效，老少皆宜。软枣猕猴桃果脯是以新鲜软枣猕猴桃果实为原料，用糖或蜂蜜腌制后而加工成的食品。

1. 仪器设备　夹层锅、真空干燥箱、折光仪、水果硬度计。

2. 工艺流程

软枣猕猴桃鲜果→选果→清洗→烫漂→刺孔→护色→硬化→真空渗糖→煮制→沥干→真空干燥→软枣猕猴桃果脯

3. 工艺要点

（1）**选果**　选择八成熟的软枣猕猴桃鲜果，要求果皮鲜艳、大小一致，剔除畸形果、虫害及病害果。

（2）**漂烫**　将清洗干净的软枣猕猴桃鲜果放入沸水中漂烫60秒后立即用冷水冷却，以钝化酶的活性，保护果脯色泽，加快果实渗糖速度和干燥速度。

（3）**刺孔**　为增加果皮透性，提高糖液渗透速度和果实干燥速度，使表皮收缩均匀，在软枣猕猴桃鲜果表面用直径1.5～2.0毫米的不锈钢针刺孔处理，在果蒂和果喙端各刺1个孔，果实表面均匀刺孔6～8个，刺孔深度在5～10毫米。

（4）**护色硬化**　将刺孔的软枣猕猴桃鲜果放入0.04%硫酸

铜和 0.05％氯化钙溶液中，室温下，真空度 0.07 兆帕条件下浸泡 8 小时。

（5）**真空渗糖** 将经护色硬化处理的软枣猕猴桃放入 50％糖液中，在真空度 0.07 兆帕下常温浸泡 8 小时。

（6）**煮制** 经真空渗糖处理的软枣猕猴桃果实常压下在 50％糖液中煮制 15～20 分钟后沥干。

（7）**真空干燥** 软枣猕猴桃经煮制沥干后，在真空度 0.09 兆帕、温度 45℃干燥 12～15 小时后即为成品果脯。

4. **产品质量标准指标**

（1）**感官指标** 组织形态比较饱满，不流糖，不粘手；酸甜适口，具有浓郁的软枣猕猴桃风味。

（2）**理化指标** 总糖（以葡萄糖计，％）30～35，总酸（％）≤0.7，水分（％）15～20。

（3）**卫生指标** 每克果脯中细菌总数≤400 个，每 100 克果脯中大肠菌群≤2 个，致病菌不得检出。

（六）软枣猕猴桃果肉果冻制备

果肉果冻是用果汁和果肉制成，属西方甜食，呈半固体状，热量低，几乎不含蛋白质和脂肪等热量营养素，含有矿物质、可溶性膳食纤维和维生素等营养物质。软枣猕猴桃果肉果冻是以软枣猕猴桃鲜果为原料加工调制而成。

1. **仪器设备** 高速组织捣碎机、分析天平、酸度计、手持式糖度计、封口机、夹层锅、灭菌锅。

2. **工艺流程**

辅料干混→溶解
↓
软枣猕猴桃预处理→榨汁、过滤→混合、煮沸、调配→灌装
→封口→杀菌→冷却→成品果冻
↑
软枣猕猴桃切块

3. 工艺要点

（1）预处理　一部分应选择充分成熟的优质果，经清洗、漂烫、冷却后用于榨汁；另一部分选择七八成熟优质果实，经清洗、漂烫、冷却后用于切块。

（2）榨汁、过滤　将经预处理的软枣猕猴桃果实放入高速组织捣碎机中榨汁，然后将汁液用100目纱布过滤，备用。

（3）切块　将经预处理的软枣猕猴桃果实切成0.5～1.0厘米³方丁，备用。

（4）混合、煮沸　按卡拉胶0.7%、琼脂0.1%、海藻酸钠0.2%及15%比例添加，充分混匀后加入3～5倍的纯净冷水浸泡30分钟，使之充分吸水膨胀后，边加热边搅拌至完全溶解，用100目滤布过滤，以去除杂质和泡沫。

（5）调配　当糖胶液冷却到60℃时，按25%重量比加入软枣猕猴桃果汁，同时加入0.25%柠檬酸溶解液，边搅拌边加入，确保充分混匀。

（6）灌装、封口、灭菌、冷却　灌装前须先向果冻杯中加入6%果肉块，然后加入调配好的糖胶液至距杯口约1厘米，机械封口后进行85℃、15分钟的巴氏杀菌，灭菌后迅速冷却至室温，即为成品果肉果冻。

4. 产品质量标准指标

（1）感官指标　软枣猕猴桃果冻呈浅绿色凝胶状，组织细腻，半透明，无气泡；有软枣猕猴桃特有的果香味，酸甜适口，无异味；口感细腻，柔滑，有弹性。

（2）理化指标　每100克果肉果冻可溶性固形物含量（克）≥15、总酸（以柠檬酸计，克）≤0.5，总砷（以As计，毫克/千克）≤0.2，铅（Pb，毫克/千克）≤1.0，铜（Cu，毫克/千克）≤5.0。

（3）卫生指标　每克果肉果冻中细菌总数≤100个、霉菌≤20个、酵母菌≤20个，每100克果肉果冻中大肠菌群数≤3个，致病菌不得检出。

（七）软枣猕猴桃冻干果粉制备

冻干果粉是采用真空冷冻干燥技术和超微粉碎技术制成的果粉，不仅保留了原有水果较高的营养，同时保存了水果原有的香气和味道。软枣猕猴桃冻干粉是以充分成熟的软枣猕猴桃鲜果为原料，经打浆破碎、冷冻干燥及超微粉碎加工而成的果粉。

1. 仪器设备　夹层锅、果蔬组织捣碎机、浓缩罐、超低温冰箱、真空冷冻干燥机、粉碎机、超微粉碎机、封口机。

2. 工艺流程

原料挑选→清洗→护色→漂烫→打浆→浓缩→预冻→真空冷冻干燥→超微粉碎→灌装→杀菌→成品

3. 工艺要点

（1）原料挑选、清洗　挑选无虫蛀、霉变的新鲜软枣猕猴桃果实，用自来水清洗干净后沥干，备用。

（2）护色、漂烫　将清洗干净的软枣猕猴桃鲜果放入配制好的护色液中，护色液由 0.5%～1.0%苹果酸和 0.1%～0.2%抗坏血酸按 1∶1 配制而成，使用量以果实全部浸泡为标准，浸泡时间 15～20 分钟，取出后清洗，放入沸水中漂烫 20 秒，快速捞出冷却。

（3）打浆、浓缩　将经漂烫的软枣猕猴桃用原汁机打碎成果泥，果泥颗粒细度在 30 目左右，同时已将未破碎果皮及种粒去除，然后放入浓缩罐中加热浓缩至原体积的 1/2 左右，向浓缩果泥中加入 20%左右的麦芽糊精并搅拌使之充分混匀。

（4）预冻　将经浓缩调制的软枣猕猴桃果泥放入冷冻室中冷冻预冻，冷冻室内温度在 −40～−35℃，经 8～10 小时预冻后，果泥温度基本在 −35℃，在此温度下继续保持 3～5 小时结束预冻。

（5）真空冷冻干燥　将经预冻的软枣猕猴桃果泥放入干燥仓，启动真空泵，保持真空压力在 15 帕左右，以每小时 1℃速率升温至－25℃，保温 12 小时后，再以每小时 2℃速率升温至－5℃，保温 8 小时，第一干燥阶段结束；再以每小时 3℃速率升温，缓慢升温至 30～45℃，保温 8 小时后出箱。

（6）**超微粉碎**　将经真空冷冻干燥的软枣猕猴桃果粉在低温下进行超微粉碎，粉碎细度达 200 目以上，制得软枣猕猴桃果粉。

（7）**灌装、杀菌**　将软枣猕猴桃果粉装入已灭菌的容器中，用封口机充分密封，在 95℃下杀菌 15 分钟，杀菌后分段冷却至室温，即得软枣猕猴桃果粉。

4. 产品质量标准指标

（1）**感官指标**　软枣猕猴桃冻干果粉呈浅绿色粉末状，组织细腻；有软枣猕猴桃特有的果香味，酸甜适口，水溶性好。

（2）**理化指标**　水分（％）≤5，总砷（以 As 计，毫克/千克）≤0.2，铅（Pb，毫克/千克）≤1.0，铜（Cu，毫克/千克）≤5.0。

（3）**卫生指标**　每克冻干果粉中细菌总数≤100 个、霉菌≤20 个、酵母菌≤20 个，每 100 克冻干果冻粉中大肠菌群≤3 个，致病菌不得检出。

（八）软枣猕猴桃果丹皮制备

软枣猕猴桃果丹皮是以充分成熟的软枣猕猴桃鲜果为主要原料经打浆、煮制、烘烤及切片等工艺加工而成，果丹皮中含多种维生素、酒石酸、柠檬酸、苹果酸以及黄酮类、内酯、糖类、蛋白质、脂肪和钙、磷、铁等矿物质营养物质；所含的酶类能促进蛋白和脂肪类食物的消化，促进胃液分泌和增加胃内酶素等功能。

1. 仪器设备　原汁机、夹层锅、真空浓缩罐、高压均质机、胶体磨、折光仪。

2. 工艺流程

原料→挑选→清洗→打浆→煮制→均质→调配→浓缩→摊皮

烘烤→切片→干燥→包装→成品

3. 工艺要点

（1）**原料处理**　选用成熟度好、无虫蛀及霉变的新鲜软枣猕猴桃果实，清洗沥干，用原汁机破碎，以除去种粒；用均质机或胶体磨均质处理备用。

（2）**调配、浓缩**　把软枣猕猴桃果浆置于不锈钢锅内或夹层锅直接加热，也可使用蒸汽加热浓缩，最好使用真空浓缩或夹层锅蒸汽加热。首先蒸发部分水分，然后加入白砂糖，按原料重加入 50%～60% 白砂糖，并加入 0.2% 海藻酸钠增稠剂，海藻酸钠要事先加水加温而成均匀的胶体，并按照原料所含的酸度多少，适当加入柠檬酸，使其总酸量达 0.5%～0.8%，然后加热浓缩呈浓厚酱体，其固形物达 55%～60%。

（3）**摊皮烘烤**　把软枣猕猴桃酱倒在一块 6 毫米深的钢化玻璃板内，板内事先铺上一层白布，即把酱体倒在白布上，厚度 2 毫米左右，然后进入烤房烘烤，在 60～70℃ 温度下烘至半干状态。

（4）**趁热揭皮**　从烤房取出后趁热把块状软枣猕猴桃果丹皮揭起，如果冷却了就不容易离开布块。

（5）**切片**　用人工或机械切成方形或圆形饼状。

（6）**干燥**　把分切好的成品再送去烤房干燥，使含水量下降到 5% 为合格。

（九）软枣猕猴桃软糖加工

软糖是一种柔软和微存弹性的糖果，有透明的和半透明的。软糖的含水量较高，一般为 10%～20%。绝大多数软糖都制成水果味型的。

1. 仪器设备　原汁机、夹层锅、折光仪。

2. 工艺流程

原料→挑选→清洗→打浆→调配→加热浓缩→冷却→成形→

干燥→包装→成品

3. **工艺要点**

（1）**原料处理**　选用成熟度好、无虫蛀及霉变的新鲜软枣猕猴桃果实，清洗沥干后，用原汁机破碎，以除去种粒；用均质机或胶体磨均质处理备用。

（2）**调配**　软糖最大特点是柔软半透明，需用凝胶剂凝结，加入淀粉糖浆使糖体透明不出现返砂现象，并控制适当水分。凝胶体的使用视软枣猕猴桃汁液用量，目前采用的凝胶剂如海藻酸钠、明胶、果胶、卡拉胶等，但其使用方法各有不同，主要决定其性质结构不同。如使用明胶作为凝胶剂，一般用量较多，在5％以上（原料重量计），明胶应事先加入30倍水浸泡逐渐溶解而成均匀胶体，如果在80℃以上高温就不易凝结，而且成品酸度也不能过大，否则也会影响其凝结。软枣猕猴桃汁液（果浆）用量最多只能用30％，水占20％，白砂糖占20％，淀粉糖浆占30％。用沸腾的清水将白砂糖和淀粉糖浆溶化并混合好。

（3）**加热浓缩**　在果浆与糖浆共煮过程中也是水分蒸发不断浓缩过程，加热浓缩至浆体固形物将要达到70％左右时，应加入需要的柠檬酸0.3％～0.4％和0.05％防腐剂山梨酸钾。要注意这时酱体温度超过100℃不能立即加入明胶，要冷却到80℃下才能加入明胶，并且要不断搅拌均匀。

（4）**冷却**　冷却的方法有两种：一种是在铁板上铺一层淀粉，以防出锅后的糖坯粘在铁板上；另一种是在铁板上擦一些植物油作为润滑剂。

（5）**干燥**　在40～45℃下干燥18～20小时，使成品含水量达18％。

（十）　软枣猕猴桃罐头制备

1. **仪器设备**　夹层锅、折光仪、灭菌锅。

2. 工艺流程

空罐→清洗　糖液

原料选择→清洗→处理→护色→灌装→排气→封罐→杀菌→冷却→检验→成品

3. 工艺要点

（1）**原料选择**　选择七八成熟的软枣猕猴桃果实，果形大小均匀，无虫蛀和斑点。

（2）**处理、护色**　用水果刀快速去掉果梗和果喙，并迅速放入护色液中护色，护色液采用 250 毫克/千克的醋酸铜溶液，用量以果实全部浸泡为标准，时间 25～30 分钟，取出后放入沸水中漂烫 20 秒，快速捞出。

（3）**灌装、排气**　经护色漂烫的软枣猕猴桃果趁热装入清洗干净的罐头瓶中，内容物表面与罐盖之间保持 6～8 毫米，同时加入 90℃以上浓度 30%～40%的糖水，即可达到灌装排气效果。

（4）**杀菌、冷却**　采用常压杀菌，即在 100℃下保持 20 分钟，15 分钟温度降至罐中心温度 40℃。

（5）**检验**　经杀菌后罐头，20℃保温 7 天，再进行检验，通过检查液体澄清度和罐体是否膨胀为标准。

参考文献

蔡志勇，陈惠敏，黄仲凯，等．1997．猕猴桃黑斑病病原菌生物学特性及其综合防治的研究［J］．福建林业科技，24（2）：23-27．

陈川，惠伟，郭小侠，等．2005．烟剂防治贮藏期猕猴桃灰霉病之效果初探［J］．中国农学通报，21（11）：80-81．

丁建，龚国淑，周洪波，等．2013．猕猴桃病虫害原色图谱［M］．北京：科学出版社．

方绍正，徐祖明．2006．猕猴桃病害的发生规律及其综合防治措施［J］．安徽农业科学，34（22）：6060-6062．

郭晓成．2006．日本选育的猕猴桃品种简介［J］．中国果树（3）：63-64．

华中农业大学．1988．果品加工［M］．北京：农业出版社．

黄宏文，张力田．1989．猕猴桃缺素症研究［J］．国外农学果树（11）：18-19．

黄宏文．2013．猕猴桃属分类 资源 驯化 栽培［M］．北京：科学出版社．

黄宏文．2013．中国猕猴桃种质资源［M］．北京：中国林业出版社．

姜景魁，张绍升，廖廷武．1995．中华猕猴桃黑斑病的研究［J］．果树科学，12（3）：182-184．

朴一龙，赵兰花．2012．韩国软枣猕猴桃开发利用概况［J］．中国果树（4）：75-76．

齐秀娟，韩礼星，李明，等．2011．全红型猕猴桃新品种'红宝石星'［J］．园艺学报，38（3）：601-602．

邵信儒，孙海涛，李虹昆．2012．长白山野生软枣猕猴桃果酱的研制［J］．现代食品科技，28（11）：1548-1550，1565．

史彩虹，李大伟，赵余庆．2011．软枣猕猴桃的化学成分和药理活性研究进展［J］．现代药物与临床，26（3）：203-207．

孙宪忠，赵淑兰，王玉兰，等．1996．软枣猕猴桃不同架式植株短截修剪试验报告［J］．特产研究（3）：9-10．

田宝安，刘贵珍．1997．猴桃树缺素症及其防治［J］．陕西林业（5）：28-29．

吴泽南，聂嫒，孙冬伟，等．2001．软枣猕猴桃修剪技术研究［J］．中国林副特产（1）：5-7．

吴增军，林青兰，姜家彪，等．2007．猕猴桃病虫原色图谱［M］．杭州：浙江科学技术出版社．

谢玥，王丽华，董官勇，等．2014．软枣猕猴桃新品种'宝贝星'［J］．园艺学报，41（1）：189-190．

殷展波，崔丽宏，刘玉成，等．2008．"桓优1号"软枣猕猴桃品种特性观察［J］．河北果树（2）：8，19．

张敬哲，姜英，张宝香．2012．软枣猕猴桃果醋液态发酵工艺研制［J］．特产研究（3）：46-48．

张志强．2009．猕猴桃缺素症及其防治措施［J］．西北园艺（2）：41-43．

赵淑兰，袁福贵，马月申，等．1994．软枣猕猴桃新品种——魁绿［J］．园艺学报，21（2）：207-208．

赵淑兰．1996．软枣猕猴桃新品种——"丰绿"［J］．特产研究（3）：51．

赵海波，吕津毅，赵旭．2011．野生软枣猕猴桃果汁饮料的研制［J］．农业科技与装备，201（3）：19-20，23．

朱岁层，舒晓宇，王利静．2009．猕猴桃主要病虫发生规律、测报及防治技术初探［J］．陕西农业科学（1）：122-124．

末澤克彦，福田哲生．2008．キウイフルーツの作業便利帳——個性の品種をつくりこなす［M］．東京：農山漁村文化協会．

附 录

附录1 AA级和A级绿色产品生产均允许使用的农药和其他植保产品清单

类　别	组分名称	备　注
I . 植物和动物来源	楝素（苦楝、印楝等提取物，如印楝素等）	杀虫
	天然除虫菊素（除虫菊科植物提取液）	杀虫
	苦参碱及氧化苦参碱（苦参等提取物）	杀虫
	蛇床子素（蛇床子提取物）	杀虫、杀菌
	小檗碱（黄连、黄柏等提取物）	杀虫
	大黄素甲醚（大黄、虎杖等提取物）	杀虫
	乙蒜素（大蒜提取物）	杀虫
	苦皮藤素（苦皮藤提取物）	杀虫
	黎芦碱（百合科藜芦属和喷嚏草属植物提取物）	杀虫
	桉油精（桉树叶提取物）	杀虫
	植物油（如薄荷油、桉树油、香菜油、八角茴香油）	杀虫、杀螨、杀真菌、抑制发芽
	寡聚糖（甲壳素）	杀菌、植物生长调节
	天然诱集和杀线虫剂（如万寿菊、孔雀草、芥子油）	杀线虫
	天然酸（如食醋、木醋和竹醋等）	杀菌
	菇类蛋白多糖（菇类提取物）	杀菌
	水解蛋白质	引诱

（续）

类　别	组分名称	备　注
Ⅰ. 植物和动物来源	蜂蜡	保护嫁接和修剪伤口
	明胶	杀虫
	具有驱避作用的植物提取物（大蒜、薄荷、辣椒、花椒、薰衣草、柴胡、艾草的提取物）	驱避
	害虫天敌（如寄生蜂、瓢虫、草蛉等）	控制虫害
Ⅱ. 微生物来源	真菌及真菌提取物（白僵菌、轮枝菌、木链菌、耳毒菌、淡紫拟青菌、金龟子绿僵菌、寡雄腐霉菌等）	杀虫、杀菌、杀线虫
	细菌及细菌提取物（苏云金芽孢杆菌、枯草芽孢杆菌、蜡质芽孢杆菌、地衣芽孢杆菌、多黏类芽孢杆菌、荧光假单胞杆菌、短稳杆菌等）	杀虫、杀菌
	病毒及病毒提取物（核型多角体病毒、质型多角体病毒、颗粒体病毒等）	杀虫
	多杀霉素、乙基多杀霉素	杀虫
	春雷霉素、多抗霉素、井冈霉素、（硫酸）链霉素、嘧啶核苷类抗菌素、宁南霉素、申嗪霉素和中生霉素	杀菌
	S-诱抗素	植物生长调节
Ⅲ. 生物化学产物	氨基寡糖素、低聚糖素、香菇多糖	防病
	几丁聚糖	防病、植物生长调节
	苄氨基嘌呤、超敏蛋白、赤霉素、羟烯腺嘌呤、十三烷醇、乙烯利、吲哚丁酸、吲哚乙酸、芸薹素内酯	植物生长调节
Ⅳ. 矿物来源	石硫合剂	杀菌、杀虫、杀螨

（续）

类　别	组分名称	备　注
Ⅳ. 矿物来源	铜盐（如波尔多液、氢氧化铜等）	杀菌，每年铜使用量不能超过 6 千克/公顷
	氢氧化钙（石灰水）	杀菌、杀虫
	硫黄	杀菌、杀螨、驱避
	高锰酸钾	杀菌，仅用于果树
	碳酸氢钾	杀菌
	矿物油	杀虫、杀菌、杀螨
	氯化钙	仅用于治疗缺钙症
	硅藻土	杀虫
	黏土（如斑脱土、珍珠岩、蛭石、沸石等）	杀虫
	硅酸盐（硅酸钠、石英）	驱避
	硫酸铁（3 价铁离子）	杀软体动物
Ⅴ. 其他	氢氧化钙	杀菌
	二氧化碳	杀虫，用于土壤和培养基质消毒
	乙醇	杀菌
	海盐和盐水	杀菌，仅用于种子（如稻谷等）处理
	软皂（钾肥皂）	杀虫
	乙烯	催熟等
	石英砂	杀菌、杀螨、驱避
	昆虫性外激素	引诱，仅用于诱捕器和散发皿内
	磷酸氢二铵	引诱，仅限于诱捕器中使用

附录2　A级绿色产品生产可以使用的农药和其他植保产品清单

a) 杀虫剂

名　称	英文名	名　称	英文名
S-氰戊菊酯	Esfenvalerate	甲氰菊酯	Fenpropathrin
吡丙醚	Pyriproxifen	抗蚜威	Piritnicarb
吡虫啉	Imidacloprid	联苯菊酯	Brifenthrin
吡蚜酮	Pymetrozine	螺虫乙酯	Spirotetramat
丙溴磷	Profenofos	氯虫苯甲酰胺	Chlorantraniliprole
除虫脲	Diflubenzuron	氯氟氰菊酯	Cyhalothrin
啶虫脒	Acetamiprid	氯菊酯	Permethrin
毒死蜱	Chlorpyrifos	氯氰菊酯	Cypermethrin
氟虫脲	Flufenoxuron	灭蝇胺	Cyromazine
氟啶虫酰胺	Flonicamid	灭幼脲	Chlorbenzuron
氟铃脲	Hexaflumuron	噻虫啉	Thiacloprid
高效氯氰菊酯	Beta-cypermethrin	噻虫嗪	Thiamethoxam
甲氨基阿维菌素苯甲酸盐	Emamectin benzoate	噻嗪酮	Buprofezin
茚虫威	Indoxacard	辛硫磷	Phoxim

b) 杀螨剂

名　称	英文名	名　称	英文名
苯丁锡	Fenbutatin	噻螨酮	Hexythiazox
喹螨醚	Fenazaquin	四螨嗪	Clofentezine
联苯肼酯	Bifenazate	乙螨唑	Etoxazole
螺螨酯	Spirodiclofen	唑螨酯	Fenpyroximate

c）杀软体动物剂

名　称	英文名	名　称	英文名
四聚乙醛	Metaldehyde		

d）杀菌剂

名　称	英文名	名　称	英文名
吡唑醚菌酯	Pryaclostrobin	腈苯唑	Fenbuconazole
丙环唑	Propiconazol	腈菌唑	Myclobutanil
代森联	Metriam	精甲霜灵	Metalaxyl-M
代森锰锌	Mancozeb	克菌丹	Captan
代森锌	Zineb	嘧菌酯	Azoxystrobin
啶酰菌胺	Hoscalid	嘧霉胺	Pyrimethanil
多菌灵	Carbendazim	氰霜唑	Cyazofamid
噁霉灵	Hymexazol	噻菌灵	Thiabendazole
噁霜灵	Oxadixyl	三乙磷酸铝	Fosetyl-aluminium
粉唑醇	Flutriafol	三唑醇	Triadimenol
氟吡菌胺	Fluopicolide	三唑酮	Triadimefon
氟啶胺	Fluazinam	双炔酰菌胺	Mandipropamid
氟环唑	Epoxiconazole	霜霉威	Propamocarb
氟菌唑	Triflumizole	霜脲氰	Cymoxanil
腐霉利	Procymidone	萎锈灵	Carboxin
咯菌腈	Fludioxonil	戊唑醇	Tebuconazole
甲基立枯磷	Tolclofos-methyl	烯酰吗啉	Dimethomorph
甲基硫菌灵	Thiophanate-methyl	异菌脲	Iprodione
甲霜灵	Metalaxyl	抑霉唑	Imazalil

e）熏蒸剂

名　称	英文名	名　称	英文名
梅隆	Dazomer	威百亩	Metam-sodium

f）除草剂

名　称	英文名	名　称	英文名
二甲四氯	MCPA	禾草丹	Thopbencarb
氨氯吡啶酸	Picloram	禾草敌	Molinate
丙炔氟草胺	Flumioxazin	禾草灵	Diclofop-methyl
草铵膦	Glufosinate-ammonium	环嗪酮	Hexazinone
草甘膦	Glyphosate	磺草酮	Sulcotrione
敌草隆	Diuron	甲草胺	Alachlor
噁草酮	Oxadiaxon	精吡氟禾草灵	Fluazifop-P
二氯吡啶酸	Clopyralid	绿麦隆	Chlortoluron
二甲戊灵	Pendimethalin	精喹禾灵	Quizalofop-P
二氯喹啉酸	Quinclorac	氯氟吡氧乙酸	Fluroxypyr
氟唑磺隆	Flucarbazone-sodium	氯氟吡氧乙酸异辛酯	Fluroxypyr-mepthyl
麦草畏	Dicamba	烯草酮	Clethodim
咪唑喹磷酸	Imazaqium	烯禾啶	Sethoxydim
灭草松	Bentazone	野麦畏	Tri-allate
氰氟草酯	Cyhalofop butyl	硝磺草酮	Mesotrione

名　称	英文名	名　称	英文名
炔草酯	Clodinafop-propargyl	乙草胺	Acetochlor
乳氟禾草灵	Lactofen	异丙甲草胺	Metolachlor
噻吩磺隆	Thifensulfuron-methyl	异丙隆	Isoproturon
双氟磺草胺	Florasulam	乙氧氟草醚	Oxyfluorfen
敌菜安	Desmedipham	锈灭净	Ametryn
甜菜宁	Phenmedipham	唑草酮	Carfentrazone-ethyl
西玛津	Simazine	仲丁灵	Butralin

g）植物生长调节剂

名　称	英文名	名　称	英文名
2,4-滴	2,4-D（只允许作为植物生长调节剂使用）	氯吡脲	Forchlorfenuron
矮壮素	Chlormequal	萘乙酸	1-naphthal acetic acid
多效唑	Paclobutrazol	噻苯隆	Thidiazuron
烯效唑	Uniconazol		

附录3　常用农家肥料养分含量、性质、施用方法一览表

肥料名称		水分（%）	有机质（%）	N（%）	P_2O_5（%）	K_2O（%）	CaO（%）	C/N	性质	施用法
猪	粪	82	15.0	0.56	0.4	0.44	0.09	—	速效	基肥，追肥
	尿	96	2.5	0.3	0.12	0.95	—	—	速效	基肥，追肥
牛	粪	83	14.5	0.32	0.25	0.15	0.34	—	速效	基肥，追肥
	尿	94	3.0	0.50	0.03	0.65	0.01	—	速效	基肥，追肥
马	粪	76	20	0.55	0.30	0.24	0.15	—	速效	基肥，追肥
	尿	90	6.5	1.2	0.01	1.50	0.45	—	速效	基肥，追肥
羊	粪	65	28.0	0.65	0.50	0.25	0.46	—	速效	基肥，追肥
	尿	87	7.20	1.40	0.03	2.10	0.16	—	速效	基肥，追肥
人	粪	≥70	≥20	1.0	0.50	0.37	—	—	速效	基肥，追肥
	尿	≥90	3±	0.5	0.13	0.19	—	—		基肥，追肥
草木灰		—	—	—	2～3	10		—	速效，碱性	基肥，追肥
炉灰		—	—	—	0.29	0.2		—	速效，碱性	基肥
松木灰		—	—	—	12.44	3.41	25.18	—	速效	基肥
灌木灰		—	—	—	5.92	3.14	25.09	—	速效	基肥
玉米秸灰		—	—	—	8.09	2.36	10.72	—	速效	基肥
稻草灰		—	—	—	8.09	0.59	1.92	—	迟效	基肥

（续）

肥料名称	水分（%）	有机质（%）	N（%）	P₂O₅（%）	K₂O（%）	CaO（%）	C/N	性质	施用法
大豆饼	—	—	7.0	1.32	2.13	—	—	迟效	发酵后作基肥,追肥
棉籽饼	—	—	3.14	1.68	0.97	—	—	迟效	基肥
菜籽饼	—	—	4.6	2.48	1.40	—	—	迟效	基肥
厩肥	—	—	0.5	0.25	0.6	—	—	迟效	发酵后作基肥,追肥
堆肥	—	—	0.28	0.32	0.75	—	—	迟效,微碱性	基肥
一般堆肥	60～75	15～25	0.4～0.5	0.18～0.26	0.45～0.7	—	16～20	迟效,微碱性	基肥
高温堆肥	—	24.1～41.8	1.05～2.0	0.30～0.82	0.47～2.53	—	9.67～10.67	迟效,微碱性	基肥
炕土	—	—	0.08～0.41	0.11～0.21	0.26～0.91	—	—	迟效,微碱性	基肥,追肥
塘泥	—	—	0.19～0.32	0.11	0.42～1.0	—	—	迟效,微碱性	基肥
骨粉	—	—	4～3	19～22	—	—	—	迟效,微碱性	基肥
绿肥	—	—	0.45	0.18	0.4	—	—	迟效,微碱性	基肥
新鲜野草	70.0	—	0.54	0.15	0.46	—	—	迟效,微碱性	基肥

附录4　氮肥的主要品种、养分含量及使用方法

形态	名称	氮含量（％）	化学反应	物理性质	使用方法
铵态氮肥	硫酸铵	20～21	弱酸	吸湿性弱	可用作基肥或追肥，除硫酸铵外的所有铵态氮肥都不宜作种肥；施肥深盖土，并配合施有机肥
	氯化铵	24～25	弱酸	吸湿性弱	
	碳酸氢铵	17	弱酸	易潮温挥发	
	氨水	16～17	碱性	具挥发性和腐蚀	
硝态氮肥	硝酸铵	34～35	弱酸	易吸湿结块	适用基肥、追肥
酰胺态氮肥	尿素	42～46	中性	吸湿结块	适用于各类土壤和作物，可用作基肥或追肥，不宜作种肥

附录5　磷肥主要品种、养分含量及使用方法

名称	颜色	有效磷（％）	溶性	性质	使用方法
过磷酸钙	灰白色	12～18	水溶	酸性，含大量石膏	宜作基肥和种肥
重过磷酸钙	白色	45	水溶	酸性，不含石膏	适于酸性土，宜作基肥，与有机肥堆沤后施用效果更好
钙镁磷肥	灰绿色	14～18	枸溶	碱性，含大量钙、镁	
钢渣磷肥	灰黑色	8～14	枸溶	弱碱性，含钙、硅	
脱氟磷肥	灰白色	18～30	枸溶	碱性，不含氟	
沉淀磷肥	白色	27～40	枸溶	碱性，含钙	

附录6　钾肥的主要品种、养分含量及使用方法

名称	颜色	有效钾（%）	溶性	性质	使用方法
氯化钾	白色或红色结晶	60	水溶	酸性	有吸湿性、速效性、除盐碱土外，一般土壤都可施用
硫酸钾	白色或淡黄色结晶	48～52	水溶	酸	

附录7　常用肥料混合使用表

肥料名称	人粪尿	厩肥	硫酸铵	尿素	氯化铵	碳酸氢铵	硝酸铵	氨水	钙镁磷肥	过磷酸钙	磷矿粉	骨粉	草木灰	氯化钙	硫酸钾
人粪尿	+	+	○	−	○	○	○	○	○	+	+	+	−	○	○
厩肥	+	+	○	−	○	−	○	+	+	+	+	+	−	○	○
硫酸铵	○	○	+	○	○	○	○	−	○	○	○	○	−	+	+
尿素	−	−	○	+	○	−	○	−	○	○	○	○	○	+	+
氯化铵	○	○	○	○	+	○	○	−	○	○	○	○	○	+	+
碳酸氢铵	−	−	○	−	○	+	○	○	○	−	○	○	−	+	○
硝酸铵	○	○	○	○	○	○	+	−	○	○	○	○	○	+	+
氨水	○	+	−	−	−	○	−	+	○	−	−	−	○	○	○
钙镁磷肥	○	+	○	○	○	○	○	○	+	○	○	○	○	○	○
过磷酸钙	+	+	○	○	○	−	○	−	○	+	○	○	−	+	+
磷矿粉	+	+	○	○	○	○	○	−	○	○	+	○	○	+	+
骨粉	+	+	○	○	○	○	○	−	○	○	○	+	○	+	+
草木灰	−	−	−	○	○	−	○	○	○	−	○	○	+	○	+
氯化钙	○	○	+	+	+	+	○	○	○	+	+	+	○	+	+
硫酸钾	○	○	+	+	+	○	+	○	○	+	+	+	+	+	+

注："+"表示可以混合；"○"表示混合后要立即使用；"−"表示不能混合。

附录8　石硫合剂及波尔多液的配制及注意事项

1. 石硫合剂的配制

（1）**配制比例**　块石灰、硫黄粉、水按1∶2∶14的比例配制。

（2）**熬制方法**　先根据锅的大小，按比例把水下锅烧热。取锅内少量热水，在外边把硫黄粉调成糊状。等水快开时，先下块石灰，石灰全部化解后，再慢慢加入硫黄乳，边倒边搅，大火保持全锅沸腾。为防熬煮时溢锅，可在锅内放块石头或砖头，并不断搅拌。从开锅计算时间，熬45～60分钟，药液成红褐色，保持1千克硫黄粉出5千克石硫合剂母液即可，冷却后过滤，用波美比重计测出母液的浓度，放在密闭的容器中或在液面上加一层煤油防氧化变质，贮存备用。喷时根据所需浓度加水稀释。

注意事项：石硫合剂有效成分是多硫化钙，是碱性，遇酸易分解，不宜与其他乳剂农药混用，禁忌与容易分解的有机合成药混用。

2. 波尔多液的配制　波尔多液是由硫酸铜、生石灰和水配制而成。其配制比例有4种形式：石灰等量式，硫酸铜1份，生石灰1份，水200份；石灰倍量式，硫酸铜1份，生石灰2份，水200份；石灰多量式，硫酸铜1份，生石灰3份，水180～200份；石灰少量式，硫酸铜1份，生石灰0.5份，水200～240份。具体配制有两种方法：一是两液法。将硫酸铜和生石灰分别溶解在1/2的水中，然后将两液同时缓慢倒入第三容器中，边倒边搅即成，这种方法的缺点是需要3个容器，操作较费事；另一种方法为稀铜浓石灰法，即将硫酸铜溶入多量水中，配成稀硫酸铜液，把生石灰溶于少量水中，配成浓石灰乳，然后将稀硫酸铜液缓慢倒入浓石灰乳中，边倒边搅而成。但一定不能将石灰乳向硫酸铜溶液中倒，否则，会产生沉淀，破坏波尔多液的胶体结构。配制好的波尔多液应为天蓝色的悬胶体，成弱碱性，没有粗大的颗粒或絮状沉淀，新配的波尔多液较稳定，但静置一段时间便发生沉淀。24～48 小时以后，波尔多液即形成结晶而变质，因此，只能随配随用，不宜久放，更不能过夜。

使用时应注意的问题：

①不能与石硫合剂混合使用，否则会产生黑色的硫化铜，破坏了波尔多液和石硫合剂，而这种硫化铜又能继续溶解，产生过量的可溶性铜，使果树很容易发生药害。因此，这两种农药绝对不能混合使用，并且，这两种农药绝对不能混合使用，并且在喷洒过波尔多液的果树上，一般要隔 20～30 天，才能再施用石硫合剂。

②不能与一些酸性物质混合，特别是一些与碱易分解的有机磷农药。

③对波尔多液敏感的树种、品种，尽可能不用波尔多液或根据这种树种、品种的特性，增大或减少波尔多液中的某一成分。如在葡萄上多用半量式、等量式。因为葡萄不抗石灰，叶子易变脆，而葡萄耐硫酸铜；苹果、梨大多用石灰倍量式或多量式。石灰少，喷后见效快，但药效期短。石灰多少要根据品种、天气决定。

④为了增加药效可加些展着剂。

⑤喷药时，最好选择天气晴朗、风小时进行。

⑥由于波尔多液在微碱性条件下，才发生作用，若天气不好（雨天、雾天），酸性提高，释放大量的游离铜离子，叶片烧伤，但可多加些石灰，并加入展着剂。

⑦要随配随用，不能久置，以防沉淀。

软枣猕猴桃雌花

软枣猕猴桃雄花

软枣猕猴桃品种——丰绿

软枣猕猴桃品种——魁绿

红心软枣猕猴桃

软枣猕猴桃优系——8134品系

软枣猕猴桃品种——桓优1号

软枣猕猴桃雄株优系——61-1

软枣猕猴桃品种——佳绿

绿枝嫁接成活

压条繁殖生根

绿枝扦插繁苗

扭　梢

棚架结果状

T形架栽培

剪口不合理造成的树干腐烂　　　　　　　叶片日灼

灰匙同蝽危害状　　　　　　　　葡萄肖叶甲危害状

大青叶蝉危害状